高等职业教育公共课系列教材

Photoshop图形图像处理技术项目化教程

主　编｜陈传起　杨振宇

副主编｜关丽霞　陈慕如　陈湘辉

中国轻工业出版社

图书在版编目（CIP）数据

Photoshop图形图像处理技术项目化教程/陈传起，杨振宇主编.
—北京：中国轻工业出版社，2022.8
高等职业教育"十二五"规划教材
ISBN 978-7-5019-9782-4

Ⅰ．①P…　Ⅱ．①陈…②杨…　Ⅲ．①图象处理软件—高等
职业教育—教材　Ⅳ．①TP391.41

中国版本图书馆CIP数据核字（2014）第137499号

责任编辑：张文佳　　责任终审：劳国强　　封面设计：锋尚设计
版式设计：王超男　　责任校对：吴大朋　　责任监印：张　可

出版发行：中国轻工业出版社（北京东长安街6号，邮编：100740）
印　　刷：北京君升印刷有限公司
经　　销：各地新华书店
版　　次：2022年8月第1版第7次印刷
开　　本：787×1092　1/16　印张：13.25
字　　数：320千字　　插页：4
书　　号：ISBN 978-7-5019-9782-4　　定价：39.00元
邮购电话：010-65241695
发行电话：010-85119835　传真：85113293
网　　址：http://www.chlip.com.cn
Email：club@chlip.com.cn
如发现图书残缺请与我社邮购联系调换
221063J2C107ZBW

前言
PREFACE

《Photoshop图形图像处理技术》是高职院校众多专业必修（或选修）的一门计算机技能课，它可以实现绘画、图形图像处理和商业广告制作等，作品能产生超越想象的艺术效果。因为该课程具有极强的操作性，沿袭传统的教学观念和呆板的教学方法以及陈旧的教学模式和教学评价方式，不但难以提升教学效果，还有可能使高职院校的学生再一次错过能力培养的良机。本教材就是在深化职业教育教学改革，营造轻松、活跃、生动、快乐的学习氛围，着重培养学生的操作技能的基础上编写的。

本教材在编写过程中，力求语言精炼、操作步骤详细、配图精细、图文并茂、形象生动，同时，注重理论和实践的结合，选用的企业案例可操作性强，充分体现"学中做，做中学"的项目化教学理念，把在学校的基础知识学习跟企业工作进行"无缝对接"。

本教材使用项目化教学，以"企业工作任务过程"为导向的课程开发理念，"项目引导、任务驱动"为原则，开展组织编写教材内容。单元知识内容的组织，是根据企业项目的工作模式，通过完成任务的形式，把要掌握的Photoshop图形图像处理技术融入到完成任务的过程之中，项目的具体流程为：任务描述——任务分析——知识要点——知识提示——项目小结——课外项目。所有项目都是针对企业工作和现实生活中的实际需要而设立的，具有典型性。

本教材由清远职业技术学院和呼和浩特职业学院长期工作在一线、并有多年图形图像处理技术教学和企业工作经验的计算机专任教师编写，编写教材人员有陈传起、杨振宇、关丽霞、陈慕如、陈湘辉、范晓静。编写工作得到了学校领导的大力支持，也得到了企业专家的指导和帮助，在此，一并表示感谢！

由于多方面的因素，本教材在编写中难免存在疏漏与不足的地方，敬请广大读者批评指正，以便再版时修订完善，来信请发邮件到qyptjsj@126.com。

编者
2014年5月

目录

CONTENTS

第1单元　Photoshop基础知识

项目　认识Photoshop软件、掌握图像文件

任务描述

王琳是"清潭陶瓷"专业生产加工企业的办公室职员，主要负责公司的公文、资料、信息和宣传报道，沟通内外联系，保证上情下达和下情上报等工作。让她感到郁闷的是，最近几年工作中涉及图形图像的处理逐渐多了，用原有普通的软件处理图像，不但工作效率低，而且难以满足企业的要求。于是，她想在电脑上安装Photoshop软件，用此软件来帮助自己提高工作效率。

任务分析

Photoshop是Adobe公司旗下著名的图形图像处理软件，集图像扫描、编辑修改、图像制作、广告创意、图像输入与输出于一体，它不仅大大提高了平面图像处理的工作效率，也为图像设计人员提供了更多的创作空间，制造出意想不到的图像特殊效果，深受广大用户的喜爱。Photoshop提供了矢量绘画、图像编辑合成、图像校色调色、文字编辑和特效、滤镜特效、网页设计、网站制作和动画等多种功能。版本经历了5.0 Macintosh、5.5 Macintosh、6.0 Macintosh、7.0 Mac Classic/OS X、7.0.1 Mac Classic/OS X、CS（8.0）Mac OS X、CS2 Mac OS X、CS3、CS4、CS5、CS6，等等，王琳选择了Photoshop CS4版本。

对于初始接触Photoshop软件的王琳，重点要完成下列两个任务：

（1）正确安装或卸载Photoshop图形图像处理软件，熟悉软件的工作界面。

（2）掌握文件操作和图像文件的类型。

知识要点

1. Photoshop的启动和退出

2. 图像文件的类型，图像分辨率和图像尺寸、文件大小的关系，图像颜色模型和文件格式的分类以及各自的特点和应用

任务一　安装或卸载Photoshop图形图像处理软件，认识软件的工作界面

1. 安装软件

Photoshop CS4 软件的安装过程与其他软件一致，双击Setup.exe文件开始安装，根据提示信息，选择相关选项，进行设置即可。

2. 卸载软件

卸载Adobe Photoshop CS4，其操作可根据所使用的操作系统情况，分别进行如下操作：

（1）在Windows XP中，打开Windows控制面板，双击"添加/删除程序"。选择想要卸载的产品，单击"更改/删除"按钮，然后按屏幕指示操作。

（2）在Windows 7中，打开Windows控制面板，双击"程序和功能"。选择想要卸载的产品，单击"卸载/更改"按钮，然后按屏幕指示操作。

3. 优化Photoshop CS4性能的设置

（1）Photoshop CS4的启动。在完成安装之后，可以通过"开始"—"所有程序"—"Adobe Photoshop CS4"启动程序，进入到如图1-1所示的Photoshop CS4软件操作界面。

通过双击PSD文档也可以打开Photoshop CS4软件（PSD文档为Photoshop默认文档）。若是其他图片格式则可以通过右击该图片，在弹出的快捷菜单中选择执行"打开方式"—"Adobe Photoshop CS4"命令即可。

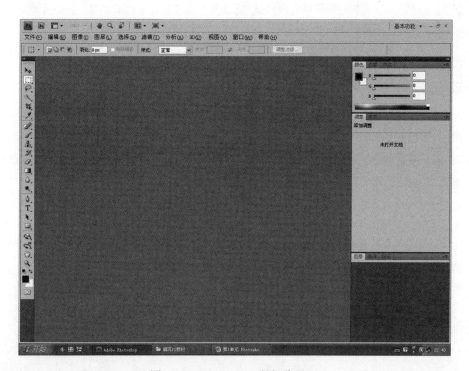

图1-1　Photoshop CS4的操作界面

（2）Photoshop CS4的首选项。单击"编辑"—"首选项"命令，在弹出的如图1-2所示"首选项"对话框中，主要有常规、界面、文件处理、性能、光标、透明度与色域、单位与标尺、参考线、网格和切片、增效工具及文字几项设置。

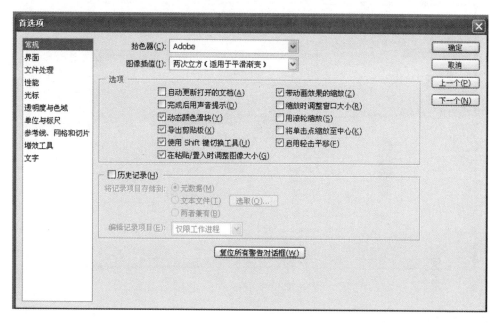

图1-2 "首选项"对话框

（3）设置"文件处理"子面板。在如图1-3所示的"文件处理"子面板中，通过在"近期文件列表包含"选项的数值框中输入数值来确定打开最近的文件设置数目。通过增加里面所显示的最近文件数，方便用户迅速地查看这些文件的追踪记录。

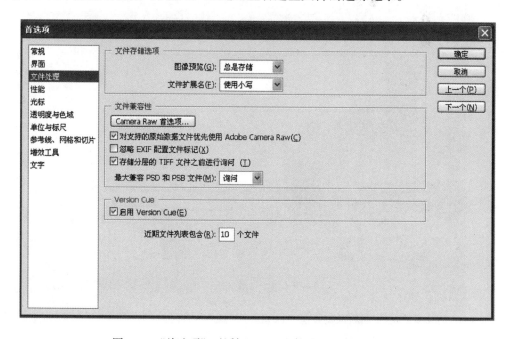

图1-3 "首选项"对话框——"文件处理"子面板

（4）设置"性能"子面板。在如图1-4所示的"性能"子面板中，包括内存使用情况、暂存盘、历史记录与高速缓存等参数设置。

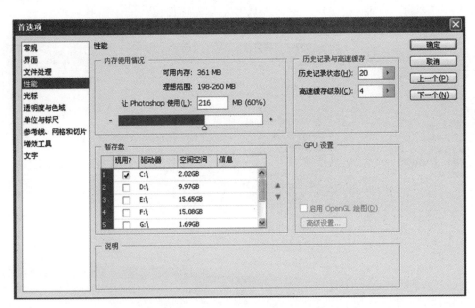

图1-4　"首选项"对话框——"性能"子面板

4. 熟悉Photoshop CS4的工作界面

Photoshop CS4工作界面主要由标题栏、菜单栏、工具属性栏、工具箱、工作窗口（工作区）、状态栏以及各种浮动面板等组成，如图1-5所示。

图1-5　Photoshop CS4的工作界面

（1）标题栏。Photoshop CS4的标题栏，相比以往版本，变化很大，如图1-6所示。标题栏上不但有软件信息，还有Bridge启动按钮、缩放级别按钮、放大镜、旋转视图工具、屏幕模式等按钮。此外，与其他软件相似，双击标题栏也可以实现窗口的最大化/还原操作。

图1-6　标题栏

（2）菜单栏。菜单栏位于Photoshop CS4工作界面中的第二行，划分为十一类，如图1-7所示。按照从左到右的顺序依次为"文件"、"编辑"、"图像"、"图层"、"选择"、"滤镜"、"分析"、"3D"、"视图"、"窗口"和"帮助"菜单。单击任何一个主菜单时，都会弹出相应的下拉菜单，执行菜单中的各项命令，可以完成大部分的图像处理工作。

文件(F)　编辑(E)　图像(I)　图层(L)　选择(S)　滤镜(T)　分析(A)　3D(D)　视图(V)　窗口(W)　帮助(H)

图1-7　菜单栏

（3）工具属性栏。工具属性栏位于菜单栏的下方，用于对工具进行各种属性设置。在Photoshop CS4中选取了某个工具后，工具属性栏会改变成相应工具的属性设置。如图1-8所示，为矩形选框工具属性栏。在工具属性栏中若执行"窗口"—"选项"命令，即可显示或隐藏工具属性栏。

图1-8　工具属性栏

（4）工作区（图片编辑窗口）。在Photoshop CS4中，图像文件作为一个窗口出现在工作区中，图像编辑窗口是Photoshop CS4的常规工作区，主要用于显示图像文件、进行浏览和编辑图像。

（5）图片选项卡。图片选项卡是Photoshop CS4新增的一个功能，位于工具属性栏的下端。选项卡标题用于显示当前文件的名称、所使用的颜色模式以及显示模式等一些基本的信息。图片编辑窗口采用选项卡的方式，方便在不同图片间的切换，可以点击某个选项卡来查看该选项卡下面的图片，或者按<Ctrl+Tab>键，可以切换到不同的图片编辑区域。单击并拖动某个选项卡，可以调整该选项卡的前后位置。当打开较多的选项卡，工作界面无法全部显示时，可以点击图片窗口标题栏末端按钮，从打开的下拉菜单中选择需要显示编辑的图片。若想将某个图像窗口独立出来只需单击该图像标题并保持往外拖曳，即可实现分离，如图1-9所示。

图1-9　图片选项卡

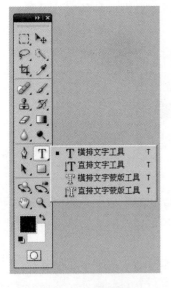

图1-10　工具箱

（6）工具箱。默认情况下，工具箱一般放置在工作界面的最左侧，拖动工具箱上方的蓝色条可以移动至任何位置，如图1-10所示。工具箱中包括了许多常用工具组，如选框工具组、移动工具组等。通过这些工具，可以输入文字，选择、绘制、移动图像，或对图像进行编辑、取样、注释和查看。此外，工具箱中还包含编辑前景色与背景色、切换标准编辑模式与蒙版编辑模式等功能。

点击工具箱上端的 ◀◀ 按钮，如图1-10所示，可以将工具箱缩放成单列或双列形式。工具图标右下角的小三角形表示该工具组存在隐藏工具，点击可以完整显示该工具组菜单。在展开菜单中，分别显示相关联工具的图标、名称和快捷键，如可以通过按<M>键来直接选择矩形选框工具。菜单名称前出现小方块标识表明此工具当前正在使用，而其他同组工具属于隐藏工具。当指针指向对应的某项工具图标时，将显示其工具名称，同时可在对应的工具属性栏上进行属性设置。

（7）状态栏。状态栏位于窗口最底部，它由两部分组成，如图1-11所示。状态栏最左边的是一个文本框，主要用于控制图像窗口的显示比例，直接在文本框中输入或选择一个数值，然后按<Enter>键，即可改变图像窗口的显示比例。

状态栏的中间部分用于显示图像文件信息。若单击其右侧的三角形按钮，弹出一个菜单，可在弹出菜单中"显示"选项的子菜单里选择不同的选项，以显示文件的不同信息。

图1-11　状态栏

（8）浮动面板（调板组）。Photoshop CS4中提供了23个浮动面板，这些面板汇集了图像编辑中常用的功能或选项，可以方便完成图像的各种编辑工作。在"窗口"菜单中，可以通过勾选对应名称来显示面板，也可以隐藏不想显示的面板。现主要介绍其中常用的浮动面板的基本功能。

①导航器面板：用于显示用户正在编辑的图像，移动下面的缩放滑块或单击放大（缩小）按钮即可放大（缩小）图像。这里的放大（缩小）只是影响用户的观察，不影响图像的实际大小。当图像被放大超出当前窗口时，将光标移至该面板的缩略图区域，光标呈手形标记图形时，单击鼠标左键并拖曳，可调整图像窗口中所显示的图像区域，如图1-12所示。

图1-12　导航器面板

②历史记录面板：记录了用户对图像进行编辑和修改的过程，如图1-13所示。用户在执行了错误的操作时，可通过历史记录面板返回前面的某个操作中。

③图层面板：用于对图层进行集中管理和操作。主要操作有：创建图层、删除图层、隐藏/显示图层、调整图层的叠放顺序、不同属性图层之间的转换、创建图层组等。图层面板如图1-14所示。

④通道面板：用于通道的管理和操作。主要操作有创建通道、删除通道、合并通道、调整通道的叠放顺序等操作。在Photoshop CS4中，通道面板中显示的是组成图像的基本颜色通道，可对不同通道中的图像进行编辑、拷贝、处理，使图像达到更好的效果，如图1-15所示。

图1-13　历史记录面板

图1-14　图层面板

图1-15　通道面板

任务二　新建和保存图像文件，绘制RGB通道混合色彩图

1. 新建文件

执行"文件"—"新建"命令，或按<Ctrl+N>组合键，弹出"新建"对话框，选择画布的宽度、高度、分辨率、颜色模式和背景内容，如图1–16所示，再按"确定"按钮。

2. 绘制RGB通道混合色彩图

给背景图层填上黑色后，单击新建文件的"通道"，可看到R、G、B三基色通道均为黑色，选定R（红）通道，如图1–17所示。

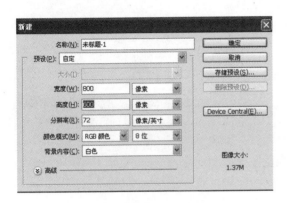

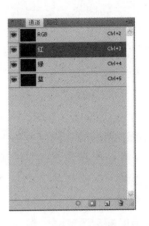

图1–16　"新建"对话框　　　　　　　图1–17　在通道窗口选定红通道

选用"画笔工具"，调整好画笔的大小，将"前景色"设为白色，在画布适当的位置单击一下，画出一个红色圆，如图1–18所示。

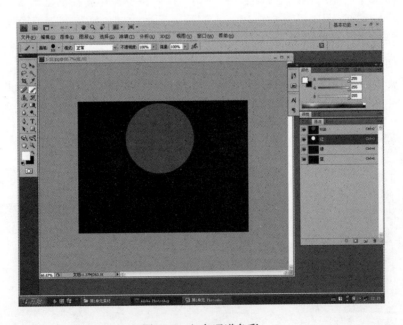

图1–18　红色通道色彩

用相同的操作方法，分别选定G（绿）通道，在画布适当的位置，画出一个绿色圆；选定B（蓝）通道，在画布适当的位置，画出一个蓝色圆，如图1-19所示。从中可以观察Photoshop通过三基色（红、绿、蓝）的配色过程。

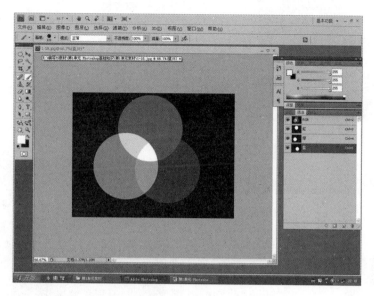

图1-19　绿色、蓝色通道色彩（标准屏幕模式）

3. 调整图像的屏幕显示模式

单击Photoshop屏幕"标题栏"左边的"屏幕模式"按钮，可以使屏幕的显示模式依次改变为标准屏幕模式、带有菜单栏的全屏模式和全屏模式。

（1）标准屏幕模式。该模式为系统默认的模式，如图1-19所示。在此模式中，可以显示Photoshop中的所有组件，如菜单栏、工具栏、标题栏等。

（2）带有菜单栏的全屏幕模式。该模式为了给图像编辑操作提供更大的空间，不显示工作窗口的名称，采用仅显示带有菜单栏的全屏模式，如图1-20所示。

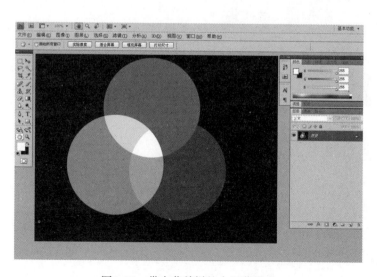

图1-20　带有菜单栏的全屏幕模式

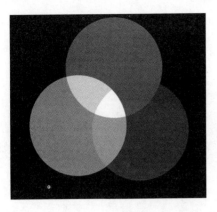

（3）全屏模式。该模式可以切换为黑色屏幕模式，不显示菜单栏和工具栏，可以十分清晰地观看图像的效果，如图1-21所示。

4. 图像的尺寸调整

执行"图像"—"图像大小"命令，或按下<Ctrl+Alt+I>组合键，弹出"图像大小"对话框，在此对话框中，按图1-22所示，重新设置图像的高度、宽度和分辨率等参数后，单击"确定"按钮即可，效果如图1-23所示。

图1-21　全屏模式

图1-22　"图像大小"对话框

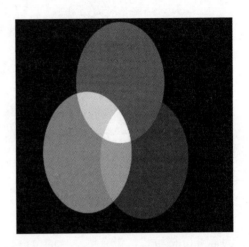

图1-23　调整"图像大小"对话框数据后的效果图

5. 保存文件

执行"文件"—"存储"命令，文件命名为"RGB色彩"，如图1-24所示；单击"格式"右边的选项按钮，选择文件的类型为jpg格式，如图1-25所示，单击"保存"按钮，则将新建的文件用"RGB色彩图.jpg"做文件名保存在"图片收藏"文件夹中。

图1-24　存放文件的位置

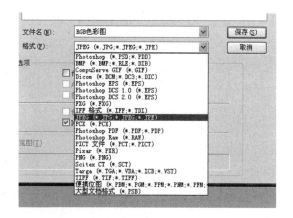

图1-25　选择文件的类型

知识提示

1. 图像类型

在计算机中，图像通常以数字模式进行处理加工和记录保存，所以也可以将之称为数字化图像。图像类型大致可以分为矢量图和像素图。这两种类型的图像各具特色，虽各有优缺点，但彼此又可以以化劣为优、互补不足。因此，在绘图和图像处理的过程中，需要这两种类型的图像交叉使用，才能使设计作品更为完善。

（1）矢量图。矢量图是根据几何特性来绘制图形的，矢量可以是一个点或一条线。矢量图只能靠软件生成，文件占用内在空间较小，因为这种类型的图像文件包含独立的分离图像，可以自由无限制地重新组合。它的特点是放大后图像不会失真，和分辨率无关，适用于图形设计、文字设计和一些标志设计、版式设计等，矢量图是由诸如Adobe Illustrator、Macromedia Freehand等一系列图形软件产生的图像文件，它由一些由数学方式描述的曲线组成，其基本组成单元是锚点和路径。矢量图形最大的特点是无论怎么缩放，都具有平滑的边缘，都不会影响图像的显示质量，不会失真。因此，矢量图适用于制作企业标志，这些标志无论用于商业信纸，还是招贴广告，只用一个电子文件就能满足要求，可随时缩放，而效果同样清晰。

（2）像素图。像素图则是由诸如Photoshop、Painter等软件产生的图像文件，缩放时会失真。如果将此类图放大到一定程度，就会出现类似马赛克效果，可以看到图像是由被排成横行或纵列的许多颜色块组成，这些颜色块被称为像素（Pixel）。因此，像素图也被称为光栅图、点阵图。高分辨率的像素图能够提供生成照片的图像物性，表现生动的物体质感和丰富的光影等效果。

2. 图像分辨率

像素是构成位图图像的最小单位，而图像分辨率（Image Resolution）则是能够区分图像上两个像素的最小距离。

图像分辨率的单位是ppi，含义为每英寸所包含的像素数量。例如：常用的图像分辨率为72ppi，表示在每英寸长度内包含了72个像素，那么图像中1平方英寸面积内所存储的信息量为72×72（5184）个像素。在Photoshop CS4中，通过执行"图像"—"图像大小"菜单命令，可以看到该图片文件的分辨率信息。

图像的尺寸、分辨率和图像文件的大小三者之间有着密切关系。图像的尺寸越大，对图像的分辨率要求越高，这意味着每英寸所包含的像素越多，即图像存储的信息量越大，因而图像文件也就越大。因此，调整图像尺寸和分辨率可以改变图像文件的大小。像素图的质量好坏取决于分辨率的高低，分辨率越高，所包含的像素越多，图像细节越丰富，颜色过渡越平滑，否则会出现马赛克效果。

3. 图像颜色模型和模式

颜色模型用于描述我们在数字图像中看到和使用的颜色。实际上，它是用于表现颜色的一种数学算法。也就是说，每种颜色模型分别表示用于描述颜色的不同方法。常见的颜色模型包括HSB（H：色相；S：饱和度；B：亮度），RGB（R：红色；G：绿色；B：蓝色），CMYK（C：青色；M：洋红色；Y：黄色；K：黑色）和CIEL*a*b*。

颜色模式决定用于显示和打印图像的颜色模型。常见的颜色模式包括位图（Bitmap）模式、灰度模式（Grayscale）、双色调（Doutone）模式、RGB模式、CMYK模式、Lab模式、索引颜色（Index Color）模式、多通道（Multichannel）模式、8位/通道模式和16位/通道模式。

Photoshop的颜色模式以用于描述和重现色彩的颜色模型为基础，主要提供了RGB模式、CMYK模式、Lab模式、HSB模式四种颜色调板。同时，在如图1-26所示的Photoshop的拾色器中，也显示了上述四种取色方式。

图1-26　Photoshop拾色器

（1）RGB模式。RGB模式是以色光三原色红（R）、绿（G）、蓝（B）为基础建立的色彩模式。在自然界中肉眼所能看到的任何色彩都可以由这三种色彩混合叠加而成，因此RGB模式是一种加色模式。电影、电视、显示器等设备均是以RGB色彩模式作为呈色机理的。当不等量的三种色光进行叠加混合时，即会产生总量大约为1680万种颜色。在

Photoshop的RGB模式调板中，R、G、B的变化范围均定为0~255（其中，0表示亮度最小，即代表这个颜色不发光；255表示亮度最大），如图1-27所示。通过R、G、B的不同量值，即可描述出任何一种颜色。

当三基色的值相等时，形成一系列的灰色；

当R=G=B=0时产生黑色；

当R=G=B=255时产生纯白色。

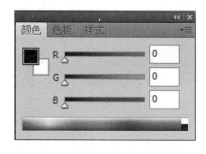

图1-27　Photoshop的RGB模式调板

（2）CMYK模式。当阳光照射到一个物体上时，该物体吸收部分光线，并将剩余光线进行反射，而我们所看见的物体颜色就是反射的光线。这是一种减色模式，与加色模式的RGB模式有本质的不同。按照这种减色模式，就衍变出了适合印刷的CMYK色彩模式。其中，C、M、Y、K分别是指青（Cyan）、洋红（Magenta）、黄（Yellow）、黑（Black），在印刷中代表四种颜色的油墨。因此，CMYK色彩模式被广泛应用于印刷、制版和广告行业。

CMYK色彩模式呈色原理是光线照到有不同比例的C、M、Y、K油墨的纸上，部分色光被油墨吸收，反射入眼睛的色光形成彩色。但在实际应用中，青色、洋红色和黄色很难叠加形成真正的黑色，最多不过是褐色而已，因此引入了K黑色。黑色的作用是强化暗调，加深暗部色彩。

在Photoshop的CMYK模式调板中，C、M、Y、K的变化范围均定为0%~100%，如图1-28所示。

当C=M=Y=0%时表示纯白色；

当C=M=Y=100%时表示纯黑色；

当C、M、Y不等量混合时，就会得到各种彩色。

在处理图像时，一般不采用CMYK模式，因为这种模式文件大，会占用较多的磁盘空间和内存。此外在该种模式下，有很多滤镜都不能使用，所以在编辑图像时会带来很大的不便，因而通常都是在印刷时才转换成这种模式。

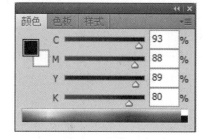

图1-28　Photoshop的CMYK模式调板

（3）灰度模式（Grayscale）。灰度模式可以表现丰富的色调，但只能在图像中使用不同的灰度级。在8位图像中，最多有256级灰度。灰度图像中的每个像素都有一个0（黑色）~255（白色）的亮度值。在16位和32位图像中，图像中的级数比8位图像要大得多。灰度值也可以用黑色油墨覆盖的百分比来度量，其中，0%等于白色，100%等于黑色。

4.图像文件的格式

Photoshop是编辑各种图像时的必用软件，它功能强大，能够支持20多种格式的图像文件，也可根据需要保存或导出为其他文件格式的图像。

文件格式（File Formats）是一种将文件以不同方式进行保存的格式。如图1-29所示，在Photoshop中，它主要包括固有格式（PSD）、应用软件交换格式（EPS、DCS、Filmstrip）、专有格式（GIF、BMP、

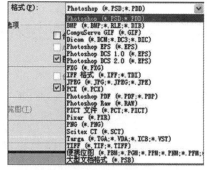

图1-29　文件格式选项栏

Amiga IFF、PCX、PDF、PICT、PNG、Scitex CT、TGA）、主流格式（JPEG、TIFF）、其他格式（Photo CD YCC、FlshPix）。Photoshop可以通过所支持的文件格式与其他应用软件进行交互使用。

（1）PSD格式。PSD格式是使用Adobe Photoshop软件生成的图像格式，体现了Photoshop独特的功能和对功能的优化，该格式可以比其他格式更快速地打开和保存图像，很好地保存层、蒙版，压缩方案不会导致数据丢失等。但是，由于PSD格式所包含的图像数据信息较多（如图层、通道、剪辑路径、参考线等），因此比其他格式的图像文件要大得多。由于PSD文件保留了所有原图像数据信息（如图层），因而修改起来较为方便。

（2）GIF格式。GIF是CompuServe提供的一种图形格式，在通信传输时较为经济。它可使用LZW格式压缩，图片容量较小，但要求限定在256色以内的色彩。GIF格式还可以广泛应用于互联网的HTML网页文档中，只能支持8位的图像文件。这种格式可以支持位图、灰度和索引颜色的颜色模式。GIF格式以87a和89a两种代码表示。GIF87a严格支持不透明像素，而GIF89a可以控制那些区域透明，因此，更大地缩小了GIF的尺寸。如果要使用GIF格式，就必须转换成索引色（Index Color）模式，使色彩数目转为256或更少。在Photoshop中，利用"Save as"命令保存GIF87a；要想保存GIF89a，则必须使用"File"/"Export"/"GIF89a Export"。

（3）PNG格式。PNG格式是由Netscape公司开发的图像格式，可以用于网络图像，但PNG格式不同于GIF格式图像，GIF格式只能保存256色，PNG格式可以保存24位的真彩色图像，并且支持透明背景和消除锯齿边缘的功能，可以在不失真的情况下压缩保存图像。由于PNG格式不完全支持所有浏览器，在网页中的使用要比GIF格式少得多。PNG格式文件在RGB和灰度模式下支持Alpha通道，但在索引颜色和位图模式下不支持Alpha通道。

（4）JPEG格式。JPEG（Joint Photographic Experts Group），联合图像专家组，该格式的图像通常用于图像预览和一些超文本文档（HTML文档）。它最大特色就是文件比较小，经过高倍率的压缩，是目前所有格式中压缩率最高的格式，被极大多数的图形处理软件所支持。但是JPEG格式在压缩保存图像的过程中会以失真方式丢掉一些数据，因而保存后的图像与原图有所差别，没有原图像的质量好，因此印刷品最好不要使用该图像格式，可以使用诸如EPS、DCS这样的图形格式。

（5）TIFF格式。TIFF（Tagged Image File Format），标记图像文件格式，几乎所有的扫描仪和大多数图像软件都支持这一格式。因此，TIFF格式应用非常广泛，它可以在许多图像软件和平台之间转换，是一种灵活的位图图像格式。TIFF使用LZW无损压缩，大大减少了图像体积。它支持RGB、CMYK、Lab、索引颜色、位图模式和灰度模式，并且在RGB、CMYK和灰度三种颜色模式中还支持使用通道、图层和路径的功能。

项目小结

通过对Photoshop CS4的安装、启动和退出，熟悉了Photoshop的工作界面，从新建图像文件的编辑操作中，掌握了图像文件的类型，并能熟悉图像分辨率和图像尺寸、文件大小的关系，理解了图像颜色模型和文件格式的分类以及各自的特点，并能灵活应用。

课外项目

用Photoshop打开一幅自己平时生活中的数码图像，做下列操作，并仔细观察效果。

1. 在有"约束比例"和没有"约束比例"条件下，调整相片的宽度、高度，画布宽度和高度。

2. 把图像分别用"RGB"、"CMYK"和"灰度"三种颜色模式来表示。

工具应用和操作选区

项目 设计制作贺卡

图2-1　贺卡立体效果图

任务描述

　　贺卡设计是指为了向他人或团体表达祝福或发出邀请而设计的能够促进人际关系良性发展的一种艺术设计。随着时代的发展，贺卡设计已经不仅仅只是祝福或邀请的潜在意图的表达，而越来越注重个性化、独特化的形式美的外观，用简练的元素、独特的创意传递人们心中的意愿。本任务中通过运用Photoshop的相关工具操作选区来处理相关素材，制作母亲节主题的贺卡。

任务分析

每年5月的第二个星期日为母亲节，要完成"贺卡制作"项目，重点完成下列任务：

（1）启动Photoshop图像处理软件，能用选区工具、渐变工具填充颜色。

（2）打开素材图片，能用移动、魔棒、套索等工具移动和选取素材。

（3）用自由变换等工具将图片制作成贺卡效果。

知识要点

运行Photoshop后，初次使用的工具就是选择工具，Photoshop提供了多种选择工具，如选框工具、套索工具、移动工具、魔棒工具和裁减工具。利用这些工具结合选区的调整、移动、修改、变化选区来完成各种图形图像的选择和修改是应用Photoshop进行图像处理的最基本技能，因为几乎有关的操作都与当前的选取区域有关，对未选范围无效，所以选取范围的优劣、准确与否，与编辑图像的好坏有密切的关系。因此，高效、快捷、准确的范围选取是提高图像处理质量、创作精美的电脑艺术作品的关键。

任务一　创建贺卡封面

（1）启动Photoshop图像处理软件，单击"文件"—"新建"，文件命名为贺卡.psd。如图2-2所示，设置前景色为紫色（R：172；G：111；B：181），按<Alt+Delete>填充前景色，如图2-3所示，按<Ctrl+S>保存。

图2-2　新建文件

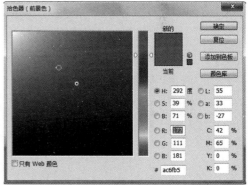

图2-3　设置背景底色

（2）在"图层"面板中新建图层，并命名为"矩形条"。单击"矩形选框工具"按钮，设置羽化值为5px，在画面中间位置绘制出一个矩形，设置填充前景色为浅紫色（R：237；G：187；B：242），按<Alt+Delete>填充，点击"选择"—"取消选区"（或按Ctrl+D），如图2-4所示。

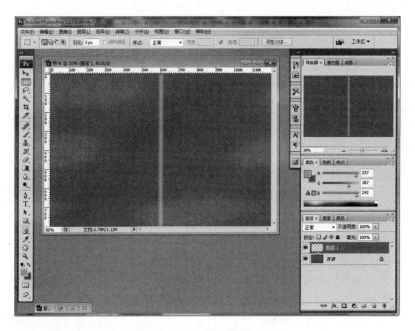

图2-4 填充效果

（3）打开素材1.jpg，单击"移动工具" 按钮，将该素材文件拖入贺卡.psd文件中，图层命名为"happy"，如图2-5所示。单击"魔棒工具" 按钮，设置容差为20 ，选中白颜色区域（按"Shift+魔棒工具"可连续选择选区），按Delete键可删除选中区域的颜色，选区为透明，如图2-6所示。按"编辑"—"自由变换"（也可按<Ctrl+T>键），出现8个控点，可调整图形大小，如图2-7所示。调整好后按<Enter>键，单击"移动工具"，将图形移动到合适位置。

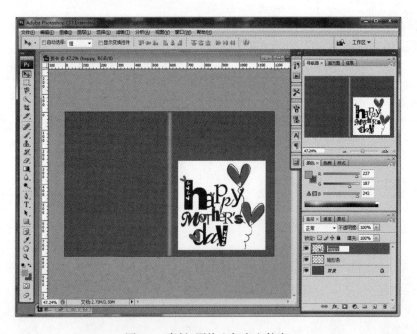

图2-5 素材1图拖入贺卡文件中

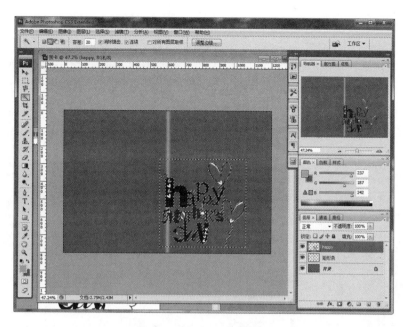

图2-6 使白色区域变为透明

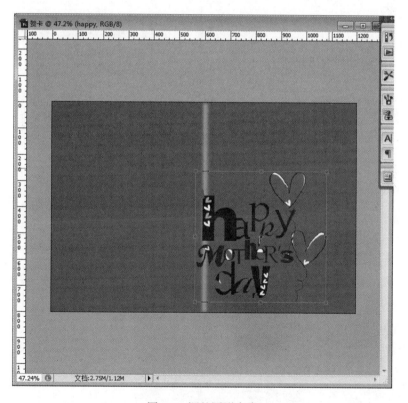

图2-7 调整图形大小

（4）打开素材2.jpg，单击"移动工具" 按钮，将该素材文件拖入贺卡.psd文件中，图层命名为"心"。单击"选择"—"色彩范围"，（用吸管）取样白色，如图2-8所示，按确定后，得到白色区域，按<Delete>键删除，再单击"选择"—"取消选区"

（也可按<Ctrl+D>键）。然后按Ctrl+单击图层缩览图，选中图形，如图2-9所示。设置填充前景色为浅紫色（R：237；G：187；B：242），按<Alt+Delete>填充，点击"选择"—"修改"—"扩展"2个像素，点击"编辑"—"描边"，设置2个像素，颜色设置为白色，如图2-10所示。按"编辑"—"自由变换"（也可按<Ctrl+T>键），出现8个控点后单击鼠标右键，选择水平翻转，并调整图形大小，如图2-11所示。调整好后按<Enter>键，单击"移动工具"，将图形移动到合适位置，如图2-12所示。

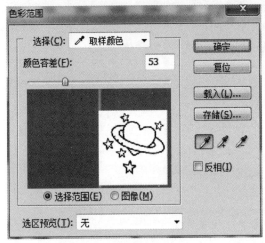

图2-8　色彩范围

图2-9　图层缩览图

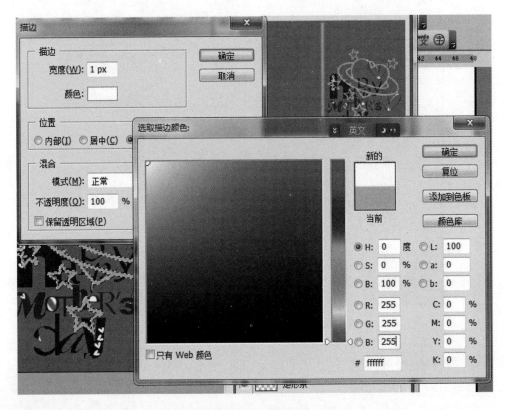

图2-10　描边

图2-11　水平翻转

图2-12　调整效果图

（5）打开素材3.jpg，单击"移动工具" ⊕ 按钮，将该素材文件拖入贺卡.psd文件中，图层命名为"女孩"。重复上述步骤4的操作过程，得到以下效果图，如图2-13所示。

（6）打开素材4.jpg，单击"磁性套索工具" ⊗ 按钮，按下鼠标左键沿花的轮廓勾勒一圈，Photoshop界面显示如图2-14所示。单击鼠标得到如图2-15所示的选区，执行"选择"—"修改"—"收缩"命令，收缩2像素，执行"选择"—"修改"—"羽化"命令，羽化3像素。再单击"移动工具" ⊕ 按钮，将羽化后的选区图形拖入贺卡.psd文件中，图层命名为"花"，如图2-16所示。按"编辑"—"自由变换"（也可按<Ctrl+T>键），出现8个控点，可调整图形大小，调整好后按<Enter>键，单击"移动工具"，将图形移动到合适位置，把"花"图层移至"心"图层下方，如图2-17所示。

图2-13　调整效果图

图2-14　磁性套索工具勾勒图

图2-15　选中图形选区

图2-16　图形选区移至贺卡中

图2-17　调整后效果

　Photoshop图形图像处理技术项目化教程

（7）Ctrl+S保存"贺卡.psd"源文件，点击"文件"—"存储为Web和设备所用格式"，如图2-18、图2-19所示，保存贺卡封面效果图为JPG文件。

图2-18　存储为Web和设备所用格式

图2-19　效果图存储为JPG文件

任务二　制作贺卡立体效果

（1）启动Photoshop图像处理软件，单击"文件"—"新建"，1400像素×900像素，文件命名为贺卡立体效果.psd。单击"渐变工具" 按钮，点击 弹出渐变编辑器，渐变颜色由白色渐变为紫色，渐变填充效果图如图2-20所示。

（2）将贺卡平面效果图移至新建文件中，如图2-21所示。

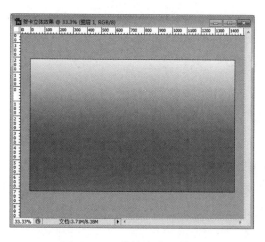

图2-20　"线性渐变"填充

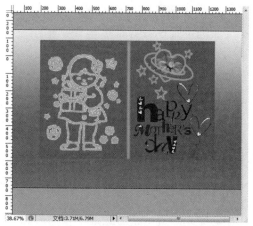

图2-21　平面效果图移至新建文件中

图2-22 调整不透明度

（3）选择平面效果图，单击"图层"—"复制图层"，执行"编辑"—"变换"—"垂直翻转"命令，翻转画面。在"图层面板"中调整不透明度，如图2-22所示。最终的效果图如图2-23所示，保存文件。

（4）单击"矩形选框工具"  按钮，从中间选取贺卡的一半，执行"编辑"—"变换"—"缩放"、"透视"、"斜切"等命令，对贺卡平面图进行调整，并调整图层的不透明度做出贺卡投影的效果。贺卡的合成效果如图2-24所示。

图2-23 贺卡平面立体效果

图2-24 贺卡平面立体合成效果

知识提示

一、认识选区工具

为了满足各种编辑和处理图像时的需要，用户可以利用Photoshop提供的几种基本选区工具，即选框工具、套索工具、魔棒工具和快速选择工具创建选区，还可以在选区和被保护区域之间灵活地进行切换。

1. 选框工具

选框工具组包括矩形选框工具 ⬚ 、椭圆选框工具 ◯ 、单行选框工具 ▭ 和单列选框工具 ▯ ，分别用于创建方形、圆形以及横线、竖线（单位像素）区域的规则选区。

当选择选框工具时，对应的工具属性栏如图2-25所示。属性栏第一组区域根据所选定的具体工具显示对应的图标，此外，选框工具属性栏还包括：选区运算方式、"羽化"参数设置、"样式"选择和"调整边缘"快速按钮，这4个部分分别用于创建选区时不同参数的控制。我们将以矩形选框工具为例介绍其属性栏上各区域功能。

图2-25　选框工具属性栏

（1）矩形选框工具。选择矩形选框工具，在工作区的左上角按住鼠标左键不放，顺着箭头的方向拖曳至右下角释放左键，即可创建一个选区。如果需要从中心位置开始绘制选区，则必须首先在中心点按住鼠标的左键，然后按住<Alt>键不放，向矩形选区的任意顶角拖动即可。另外，在创建选区时按住<Shift>键，可以创建正方形选区，配合<Alt>键，可以从中心开始绘制正方形选区。选区绘制完成后，如果需要移动，将鼠标停放在选区轮廓内，按住鼠标左键并拖动即可。

图2-26　选区运算方式

1）选区运算方式。本区域4种按钮提供了不同的创建选区的方式，如图2-26所示。

"新选区"按钮 ▣：单击该按钮，然后在图像窗口中单击鼠标并拖曳，每次只能创建一个新选区。若当前图像窗口中已经存在选区，创建新选区时将自动替换原选区。

"添加到选区"按钮 ▣：单击该按钮，在图像窗口中创建选区时，将在原有选区的基础上增加新的选区，相当于按住<Shift>键的同时创建选区的效果。

"从选区减去"按钮 ▣：单击该按钮，在图像窗口中创建选区时，将在原有选区中减去与新选区相关的部分，相当于按住<Alt>键的同时创建选区的效果。

"与选区交叉"按钮 ▣：单击该按钮，在图像窗口中创建选区时，将在原有选区和新建选区相交的部分生成最终选区。

2）羽化。设置羽化参数可以使选区边缘得到柔和的效果，羽化选区参数用来定义边缘晕开的程度，其取值范围为0.2~250像素，其数值越大，选区的边缘会相应变得越朦胧。Photoshop CS中的选区有两种类型：普通选区和羽化选区。如图2-27（a）所示的普通选区边缘比较生硬，当在图片上绘图或者拼合图像时，可以很容易地看到编辑的痕迹。而通过羽化选区功能，可以设置选区边缘的柔化程度，使编辑或者拼合后的图像与原图像浑然一体，天衣无缝。图2-27（b）、（c）为设置不同羽化值参数后的效果比较。

注意：羽化半径大的小选区会很模糊，看不到它的边缘，因此不可选，如果出现如图2-28所示的警告框，则需要减小羽化半径或者增加选区尺寸。

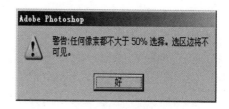

(a) 羽化值0　　(b) 羽化值10　　(c) 羽化值30

图2-27　设置不同羽化值的效果比较

图2-28　警告框

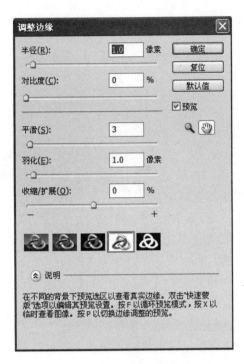

图2-29 "调整边缘"对话框

3）样式。运用选框工具创建选区时，除了在图像窗口中单击鼠标左键并拖曳之外，还可以运用工具箱中"样式"选项来定义选区。选择"矩形选框"工具后，在"样式"下拉列表中有"正常""固定比例"和"固定大小"三个选项。

正常：通过拖动确定选择比例。

固定比例：设置高宽比。如要绘制一个宽是高3倍的选框，则需输入宽度3和高度1。

固定大小：设置固定数值的高度和宽度。

4）调整边缘。调整边缘是Photoshop CS4新增功能，点击属性栏上快捷按钮可以快速打开如图2-29所示"调整边缘"对话框，对选区边缘进行参数调整，同时可在不同颜色的背景下对选区调整的效果进行预览。

（2）椭圆选框工具。可以绘制椭圆和正圆选区，或者通过运算绘制弧形选区。椭圆选框工具属性栏与矩形选框工具功能相似，其设置栏只是多了一项"消除锯齿"选项，如图2-30所示。

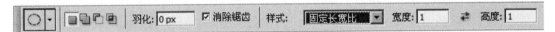

图2-30 椭圆选框工具属性栏

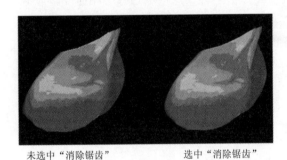

未选中"消除锯齿" 选中"消除锯齿"

图2-31 消除锯齿前后比较

该选项通过软化边缘像素间的颜色过渡，消除椭圆选区曲线边缘的马赛克效果，使选区的锯齿边缘得到平滑，图2-31为选中"消除锯齿"前后的效果比较。选择"消除锯齿"复选框，只是改变边缘像素，不会丢失细节，因此在剪切、复制和粘贴选区，创建复合图像时是非常有用的。

（3）单行和单列工具。单行和单列工具是以1像素为单位，创建水平或者垂直方向贯穿整个图像大小的选区，所以没有"样式"选择功能。

2. 套索工具

套索工具常用来增加或减少选择范围或对局部选区进行修改。套索工具组包括（自由）套索工具 和多边形套索工具 和磁性套索工具 ，它们主要用于创建不规则的选区，即手绘图、多边形（直边）和磁性（紧贴）选区。

（1）（自由）套索工具。工具属性栏如图2-32所示，与选框工具功能相似，包括：选区运算方式、"羽化"参数设置和"调整边缘"快速按钮。按住鼠标左键用（自由）套索工具可沿着不规则形状物体的边缘进行选择，松开鼠标就会形成封闭的浮动区域。

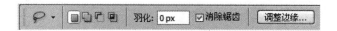

图2-32 套索工具属性栏

（2）多边形套索工具。当需要创建主要由直线连成的选区时，可以使用多边形套索工具。使用该工具时，只要在图像窗口内单击，就会自动按照单击的先后顺序将点之间用直线连接形成选区。在创建选区过程中，如果需要绘制任意曲线选区，可以按住<Alt>键拖曳鼠标。结束时，可以在选区开始点位置单击，也可以在任意地方双击，生成由双击点与开始点直线相连的选区。如果在使用多边形套索工具创建选区时，单击鼠标后按住<Shift>键，则可水平、垂直或者45°角方向绘制直线。

图2-33 多边形套索工具属性栏

（3）磁性套索工具。（自由）套索工具和多边形套索工具使用相对比较简单，而磁性套索工具则功能强大，还包括"宽度""对比度"和"频率"的参数设置，工具属性栏如图2-34所示。

图2-34 磁性套索工具属性栏

宽度：数值范围是1~40像素，用来定义磁性套索工具检索的范围。如输入数字5之后移动鼠标，则磁性套索工具只寻找5个像素之内的物体边缘。数字越大，寻找范围越大，但可能导致边缘的不准确。

对比度：数值范围是1%~100%，用来定义磁性套索工具对边缘的敏感程度。如输入较大的数值，只能检索到那些和背景对比度非常大的物体边缘；如输入较小的数值，只能检索到低对比度的边缘。

频率：数值范围是0~100，用来控制磁性套索工具生成固定点的多少。频率越高，固定选择边缘越快。

对于图像中边缘不明显的物体，可设定较小的套索宽度和对比度，跟踪的选择范围比较准确。通常来说，设定较小的"宽度"和较高的"对比度"，会得到比较准确的选择范围；反之，设定较大的"宽度"和较小的"对比度"，得到的选择范围会比较粗糙。

磁性套索工具主要用于在图形颜色反差较大的区域创建选区，可在拖曳鼠标的过程中自动捕捉图像中物体的边缘以形成选区，从而提高工作效率。在使用磁性套索工具创建选区时，如果有部分边缘比较模糊，可以按住<Alt>键暂时将工具转换为（自由）套索工具或者多边形套索工具继续绘制。

3. 魔棒工具

魔棒工具 是基于图像中相邻像素的颜色近似程度进行选择，比较适合选择纯色或

图2-35　魔棒工具的应用

者颜色差别较小的区域。利用魔棒工具选取禾雀花朵中深色区域的效果如图2-35所示。

在魔棒工具属性栏中，通过"容差"参数的调整可以设置魔棒工具的灵敏度，"消除锯齿""连续"和"对所有图层取样"功能的选取则可以满足创建选区时的附加要求，如图2-36所示。

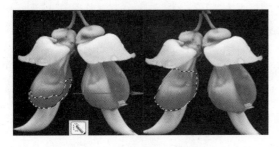

图2-36　魔棒工具属性栏

容差：指的是颜色范围，确定选定像素的相似点差异。它数值范围为0~255，指定了像素间的近似程度。容差数值越大，表示可以允许的相邻像素的近似程度越大，选择范围也就越大；容差数值越小，魔棒工具所选择的范围就越小。最佳的容差值取决于图像的颜色范围和变化程度。

消除锯齿：通过软化边缘像素与背景像素之间的颜色过渡，使选区的锯齿状边缘更为平滑。消除锯齿功能的设置在剪切、复制和粘贴选区以创建符合图像时非常有用。

连续：只选择使用相同颜色的邻近区域。否则，将会选择整个图像中使用相同颜色的所有像素。

对所有图层取样：使用所有可见图层中的数据选择颜色。否则将从现在所在图层中选择颜色。

4. 快速选择工具

快速选择工具是Photoshop CS4新增工具，智能性的快速选择工具比魔棒工具更加直观和准确。使用时不需要在要选取的整个区域中涂画，而是在拖动鼠标过程中，会自动调整所涂画的选区大小，即通过向外扩展并自动查找和跟随图像中定义的边缘，使其与选区分离，快速绘制选区，效果如图2-37所示。

图2-37　快速选择工具的应用

快速选择工具的使用方法基于画笔模式。也就是说，在绘制选区过程中，可以根据需要更改画笔的笔尖大小。如果是选取离边缘比较远的较大区域，就要使用大一些的画笔；如果是选取边缘则换成小尺寸的画笔，这样才能尽量避免选取背景像素。在如图2-38所示的工具属性栏中，单击选项栏中的"画笔大小"菜单并键入像素数值大小或在弹出菜单选项中移动"直径"滑块，使画笔笔尖大小随钢笔压力而变化。

图2-38　快速选择工具的设置栏

5.用"色彩范围"命令创建选区

在Photoshop中，提供了一个选择区域的菜单命令"色彩范围"命令。使用该命令可以选择现有选区或整个图像内指定的颜色或颜色子集。它就像一个功能强大的魔棒工具，除了用颜色差别来确定选取范围外，它还综合了选择区域的相加、相减、相似命令以及根据基准色选择等多项功能。

如果想替换选区，在应用此命令前确认已取消选择所有内容。执行菜单中的"选择"—"色彩范围"命令，会弹出如图2-39所示的"色彩范围"对话框，当鼠标移入图像预览区时，鼠标会变成一个吸管形式，用这个吸管工具在预览区单击，在鼠标周围容差值确定的范围会变成白色，其余颜色保持黑色不变。单击"确定"按钮进行确定，此时预览区白色的部分就会变成选择区域，如图2-40所示。

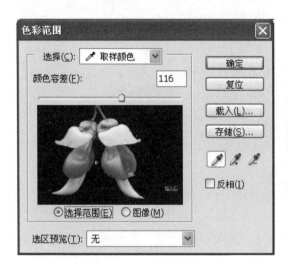

图2-39 "色彩范围"对话框

图2-40 "色彩范围"命令创建选区

二、编辑选区

建立选区之后，为了达到满意的效果，还需要对所创建的选区进一步加工完善，如移动选区的位置、调整选区的范围和改变选区的形状；此外，还要对选区进行相应的编辑管理，包括如何取消选区、反选选区以及对选区区域进行保存和提取。

1.选区的取消与反选

（1）取消选区。在图像窗口中创建选区时，对图像所做的一切操作都被限定在选区中，所以在不需要选区的情况下，应取消所创建的选区。

取消选区的操作方法有如下四种：

①执行"选择"—"取消选择"命令。

②按<Ctrl+D>组合键。

③选取工具箱中的"选择工具"和"套索工具"，在图像窗口中单击鼠标左键。

④在图像窗口中的任意位置单击鼠标右键，在弹出快捷菜单中选择"取消选区"选项。

（2）反选选区。有些图像，对于需要选择的区域不方便直接利用选择工具进行选取，但是非选区范围却易于选取操作，我们可以先选取易操作区域，然后反向选择。

反选选区的操作方法有如下两种：

①执行"选择"—"反向选择"命令。

②按<Ctrl+Shift+I>组合键。

2. 选区的移动

（1）移动选区。如果当前图像有选区，要移动位置，无论使用任何一种选择工具，只需要将光标移至创建的选区内，按住鼠标左键拖曳，可以将选区内的图像拖动到新的位置，相当于剪切操作，图2-41所示为利用移动工具将不规则选区进行移动的效果。

(a) 移动前原选区边框　　　　　　　　　　　(b) 移动后选区边框

图2-41　移动选区

（2）移动工具  。此外，还可以利用Photoshop提供的移动工具将选定的区域进行移动操作，该工具可以将选区或者图层移动到图像中的不同位置，其工具的属性栏的设置如图2-42所示。

图2-42　移动工具属性栏

"自动选择图层"选项：选中该选项后，只需单击要选的图像即可自动选中该图像所在的图层，而不必通过"图层"面板来选中某一图层。

"显示变换控件"选项：选中该选项后，将显示选区或者图层不透明区域的边界定位框，通过边界定位框可以对对象做简单的缩放以及旋转的修改，一般用于矢量图形上。

"对齐链接"按钮：该组按钮用于对齐图像中的图层，它们分别与菜单中的"图层"—"对齐链接图层"子菜单中的命令相对应。

"分布链接"按钮：该组按钮用于分布图像中的图层，它们分别与菜单中的"图层"—"分布链接图层"子菜单中的命令相对应。

3. 选区范围的调整

选区创建之后，如需要调整选区，可以利用菜单命令对选定范围进行更为细致、精准的修改。调整选区范围的菜单命令包括以下7项修改命令：执行"选择"—"修改"命令，在级联菜单中提供了"边界、扩展、收缩、平滑、羽化"命令；执行"选择"命令，在子菜单中提供了"扩大选取"和"选取相似"命令。

（1）边界。运用"边界"命令相当于对选区进行相减操作，扩展后的选区减去收缩后的选区，便得到环状的选区。在图像窗口中创建选区后，执行"选择"—"修改"—"边界"命令，弹出"边界选区"对话框。在"宽度"选项右侧的文本框中输入边界的数值，单击"确定"按钮，即可按设置的参数对选区进行相减。

（2）扩展。运用"扩展"命令，可以将当前选区均匀向外扩展1~100个像素。在图像窗口中创建选区后，执行"选择"—"修改"—"扩展"命令，弹出"扩展选区"对话框。在"扩展量"选项右侧的文本框中输入数值，单击"确定"按钮，即可按设置的参数对选区进行扩展。

（3）收缩。"收缩"命令与"扩展"命令的功能相反，运用该命令，可以按设置的像素值向内均匀地对选区进行收缩。在图像中创建选区后，执行"选择"—"修改"—"收缩"命令，弹出"收缩选区"对话框。在"收缩量"选项右侧的数值框中设置收缩量，单击"确定"按钮，即可按设置的参数对选区进行收缩。

为比较"边界、扩展、收缩"三种命令对选取范围调整的效果，在选取下组图中花朵选区之后，分别执行上述命令，并在各自修改对话框中，均输入调整参数5像素。对比结果如图2-43中所示。

(a) 边界命令　　　　　　　　(b) 扩展命令　　　　　　　　(c) 收缩命令

图2-43　选区范围变化的对比效果

（4）平滑。在使用魔棒工具和磁性套索工具创建选区时，所得到的选区往往是呈现很明显的锯齿状，运用"选择"—"修改"—"平滑"命令，弹出"平滑选区"对话框，在"取样半径"选项右侧的文本框中输入数值，可使选区边缘变得更平滑一些。

（5）羽化。在前面提到的各种选择工具参数选项中，经常会看到羽化这个属性，对选区进行羽化处理，可以柔化选区边缘，产生渐变过渡的效果，羽化命令的作用与前面矩形选框工具中所介绍的完全相同。

（6）扩大选取。如果初步绘制的选区太小，没有全部覆盖需要选取的区域，可以利用"扩大选取"和"选取相似"命令来扩大选取范围。

执行"选择"—"扩大选取"命令可以将图像窗口中原有选取范围扩大，该命令是将图像中与原选区颜色接近，并且相连的区域扩大为新的选区。

（7）选择相似。执行"选择"—"选取相似"命令也可以将图像窗口中原有选取范围扩大，与"扩大选取"命令不同的是，该命令是将图像中所有与原选区颜色接近的区域扩大为新的选区。包含整个图像中位于容差范围内的像素，而不仅仅只是相邻像素，范围更大。

4. 选区的变换

在对选区进行变换时，仅仅是对创建的选区进行变换，不会影响选区中的图像。可对创建的选区进行放大、缩小、旋转、倾斜等变换操作。

在选区建立完毕后，如果需要对其进行变换操作，执行"选择"—"变换选区"命令或<Ctrl+T>快捷键，就可以对选区进行手动调整缩放。此时，选区四周将出现一个自由变形调整框，该调整框带有八个控制节点和一个旋转中心点，拖动调整框中相应的节点，可以自由变换和旋转选区，以生成图像编辑需要的精确选区。

5. 选区的存储和载入

在Photoshop中，一旦建立了新的选区原有选区就会自动取消。但是在图像编辑过程中，许多选区需要重复使用，而每次使用就要进行重新选定，操作比较烦琐，为此，Photoshop CS4提供了Alpha通道，通过执行"存储选区"和"载入选区"命令，方便用户对选区进行保存和提取。

（1）存储选区。通过任何一种选择工具，为图2-44（a）中的女性身躯创建一个选区。执行"选择"—"存储选区"命令，打开如图2-44（b）所示的"存储选区"对话框，并进行相应选项的设置，单击"确定"按钮，即可完成选区的存储操作。最后存储的选区范围如图2-44（c）所示，这种效果可以在如图2-44（d）的"通道"面板中，单击刚才新建的Alpha通道，即可在图像窗口中看到。

(a) 创建选区

(b) "存储选区"对话框

(c) 存储的选区

(d) Alpha通道

图2-44   存储选区

（2）载入选区。创建的选区进行存储后，在需要时，就可将其重新载入。执行"选择"—"载入选区"命令，弹出如图2-45所示的"载入选区"对话框，在"通道"选项中选中需要载入的选区，单击"确定"按钮，载入存储的选区。

在"通道"面板中，按住<Ctrl>键的同时，单击面板中存储的Alpha通道，即可载入选区。

三、描边和填充选区

为了给所选定的区域设置一些特殊的图像效果，还可以对选区内部进行颜色和自定义图案的填充操作以及对选区边缘进行描边操作。

图2-45   载入选区

1. 填充选区

当应用选区工具绘制或者编辑好一个选区后，可以对其进行填充，以生成平面设计作品所需要的图像。填充命令类似于工具箱上的油漆桶工具，可以在指定区域内填入指定的颜色，但该命令除了填充颜色之外，还可以填充图案和快照内容。对选区进行填充时，首先执行"编辑"—"填充"命令或者按下<Shift+F5>快捷键，弹出"填充"对话框，如图2-46所示。

图2-46   "填充"对话框

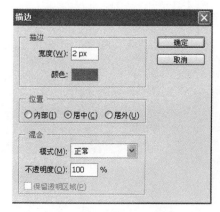

图2-47　"描边"对话框

2. 描边选区

描边命令的操作方法与填充命令的操作方法基本相同，描边命令用于在选区的周围绘制出边框。执行"描边"命令时，首先使用选区工具创建一个适当的选区，然后执行"编辑"—"描边"命令，打开如图2-47所示的"描边"对话框。

如图2-48所示，就是使用描边工具制作花的边缘的过程。

(a) 描边前选区

(b) 描边后效果

图2-48　描边效果

项目小结

通过母亲节贺卡制作，利用Photoshop提供了多种选择工具，如选框工具、套索工具、移动工具、魔棒等，并结合选区的调整、移动、修改、变化选区来完成各种图形图像的选择和修改等操作，是应用Photoshop进行图像处理的最基本技能。

课外项目

1. 制作一张环保公益宣传招贴画。
2. 以圣诞为主题，设计一张节日贺卡。

图层的基本应用

第3单元

项目 重新摆放清潭陶瓷产品

图3-1 清潭陶瓷器皿产品图像

任务描述

清潭陶瓷是陶瓷产品专业生产加工的企业，拥有完整、科学的质量管理体系，企业的诚信、实力和产品质量获得业界的认可。为了更好地展现该产品，需要对企业提供的产品图片进行重新摆放。

任务分析

完成"重新摆放清潭陶瓷产品"项目，重点完成下列任务：

（1）启动Photoshop图像处理软件，打开产品图片，认识图层、新建图层。

（2）对图层进行操作。

（3）给图层添加图层样式。

知识要点

图层是Photoshop的核心功能之一，图层用来装载各种各样的图像。它是图像的载体，没有图层，图像是不存在的。一个完整的图像是由各个层自上而下叠放在一起组合成的，最上层的图像将遮住下层同一位置的图像，而在透明区域可以看到下层的图像；每个图层上的内容是分别独立的，很方便进行分层编辑，并可为图层设置不同的混合模式及透明度。

任务一 打开产品图片，建立图层

启动Photoshop图像处理软件，打开产品图像，建立图层。

1. 打开清潭陶瓷产品图像

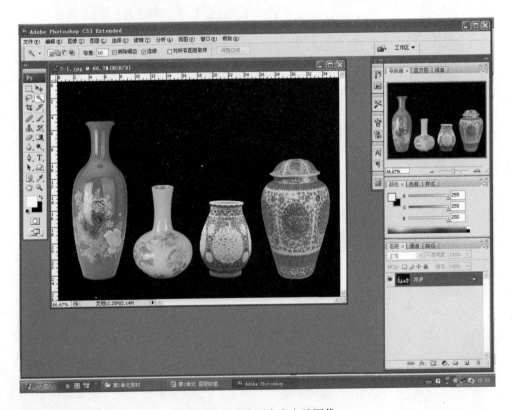

图3-2 打开清潭陶瓷产品图像

2. 建立图层

（1）选择"魔棒工具"，在单击图像的黑色背景，再单击"选择"菜单—"反向"（Ctrl+Shift+I），选择图像中的陶瓷产品图像。

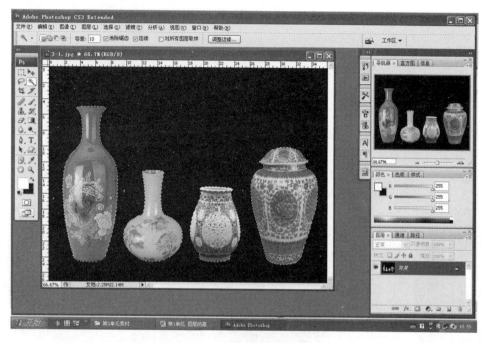

图3-3　选择陶瓷产品图像

（2）单击"图层"—"新建"—"通过拷贝的图层"按钮，如图3-4所示；建立图层1，如图3-5所示。

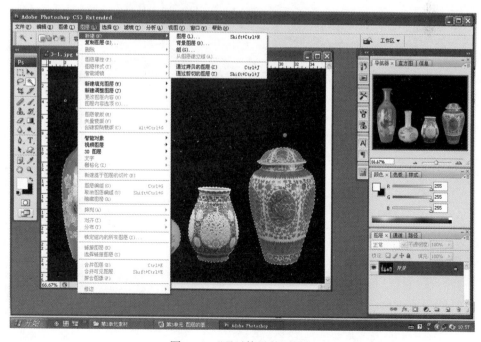

图3-4　"通过拷贝的图层"

（3）选定图层1，单击"矩形选框工具"选定图层1中的第1个陶瓷产品图像，单击"图层"—"新建"—"通过剪切的图层"按钮，如图3-6所示；建立图层2，如图3-7所示。

图3-5　新建的图层1

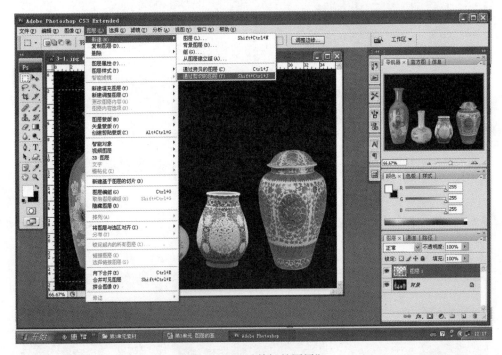

图3-6　"通过剪切的图层"

（4）用同样的方法分别把图层1中的第2个、第3个陶瓷产品图像，"通过剪切的图层"按钮，建立图层3、图层4，如图3-8所示。

图3-7　新建的图层2

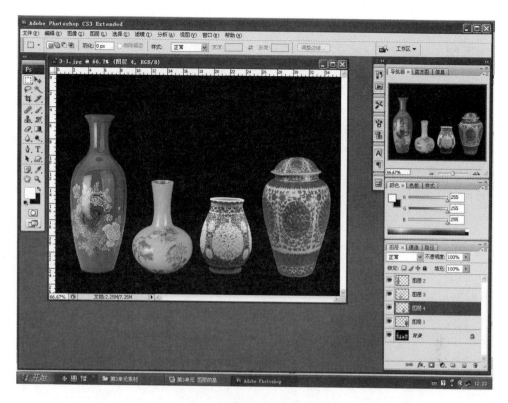

图3-8 新建的图层3、4、5

任务二 对图层进行操作

图3-9 拖动图层到想要的位置

图层中的图像具有上层覆盖下层的特性，所以适当地调整图层的排列顺序可以制作出更为丰富的图像效果。

为了突出效果，把背景填上黑色，方法是：选定"背景"层，设定前景色为黑色，用<Alt+Delete>键。调整图层排列顺序的操作方法非常简单，只需选定要操作的图层，按住鼠标左键将图层拖至目标位置，当目标位置显示一条高光线时释放鼠标即可，如图3-9所示。

1. 调整图层排列的顺序

2. 图层的重命名

（1）在要重命名的图层名称上双击，此时图层名称呈现可编辑状态，如图3-10所示。

（2）输入所需的名称后，单击其他任意位置即可完成重命名的操作，如图3-11所示。

图3-10 图层名称呈可编辑状态

图3-11 重命名后的图层名

3. 改变背景图层的颜色

（1）在"图层"控制面板中单击要选择的背景图层。

（2）选择好恰当的前景色（深蓝色），执行<Alt+Delete>，填充颜色，如图3-12所示。

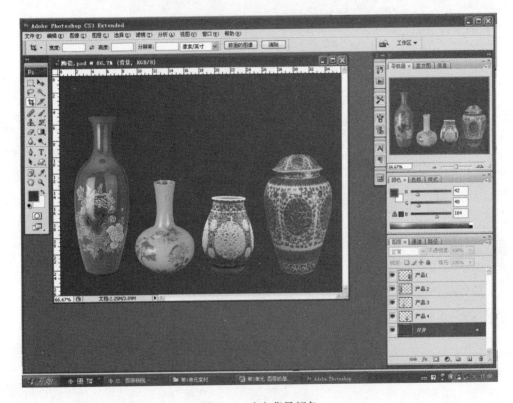

图3-12 改变背景颜色

4. 移动产品图层，重新排放陶瓷产品

（1）单击"工具"中的"移动"工具，如图3-13所示，分别选定各个产品图层，拖动鼠标移动产品图像，改变其位置。

（2）选"产品1"图层，单击"编辑"—"自由变换"或<Ctrl+T>键，改变图像的大小和方向；选"产品2"图层，单击"编辑"—"自由变换"或<Ctrl+T>键，改变图像的大小和方向，如图3-14所示。

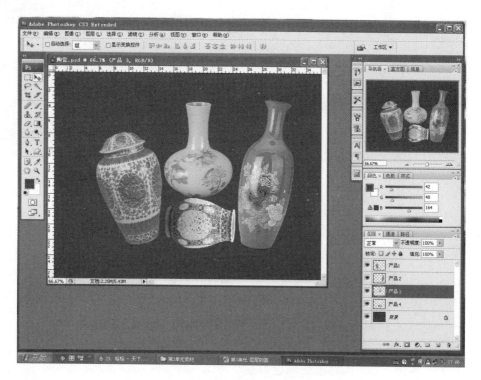

图3-13　单击"移动"工具　　　　　图3-14　重新摆放产品效果图

任务三　为图层添加图层样式

图3-15　弹出的快捷菜单

Photoshop允许为图层添加样式，使图像呈现不同的艺术效果。Photoshop内置了10多种图层样式，使用它们只需要简单设置几个参数就可以轻易地制作出投影、外发光、内发光、浮雕、描边等效果。为图层添加图层样式是通过在"图层样式"对话框中设置相应的参数来实现的。

1. 投影样式

投影样式用于模拟物体受光后产生的投影效果，主要用来增加图像的层次感，生成的投影效果是沿图像的边缘向外扩展的。添加投影样式的操作步骤如下：

（1）选定产品2图层。

（2）单击PS窗口右下角的"fx"图标，在弹出的快捷菜单选定"投影"，如图3-15所示。

（3）在"投影"对话框中，如图3-16所示，选择完相关数据后，单击"确定"按钮，得到如图3-17所示的"产品2"的效果图。

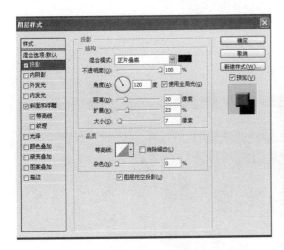

图3-16　"投影"图层样式对话框　　　图3-17　产品2"投影"样式效果图

2. 斜面和浮雕样式

（1）选定产品1的图层。

（2）单击PS窗口右下角的"fx"图标，在弹出的快捷菜单选定"斜面和浮雕"，如图3-18所示。

（3）在"斜面与浮雕"对话框中，如图3-19所示，选择完相关数据后，单击"阴影模式"右边的颜色图案，选取相应的阴影颜色，填上如图3-20所示的对话框的颜色数据，单击"确定"按钮；双击"外发光""外发光"对话框的设置，如图3-21所示，单击"确定"按钮，得到图3-22所示的"产品1"的效果图。

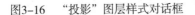

图3-18　选定"斜面和浮雕"

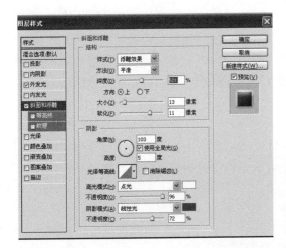

图3-19　"斜面和浮雕"图层样式对话框　　图3-20　"斜面和浮雕"图层样式中的
"选择阴影颜色"对话框

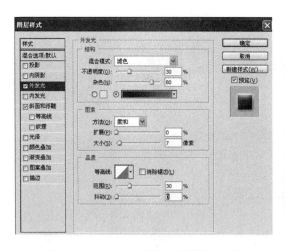

图3-21 "斜面和浮雕"图层样式中的
"外发光"对话框

图3-22 产品1"斜面和浮雕"样式效果图

图3-23 "光泽…"
样式

3. 光泽样式

（1）选定产品4的图层。

（2）单击PS窗口右下角的"fx"图标，在弹出的快捷菜单选定"光泽…"，如图3-23所示。

（3）在"光泽"对话框中，打开的"图层样式"对话框右侧的投影参数控制区中设置相关的参数，如图3-24所示，"正片叠底"的颜色调整如图3-25所示，通过预览效果直至满意为止。产品4的样式效果图，如图3-26所示。

同样的操作方法，在"图层样式"中，通过"渐变叠加"的选框设置，如图3-27所示，单击图3-27中的渐变颜色（或颜色旁边的"△"），将颜色选择为"红色、绿色"，然后按"确定"；调整出"产品3"图像的效果。所有图层表示如图3-28所示，效果如图3-29所示。

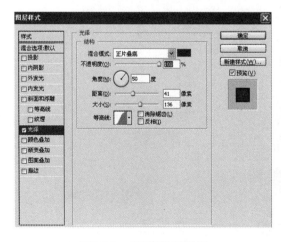

图3-24 "光泽"对话框

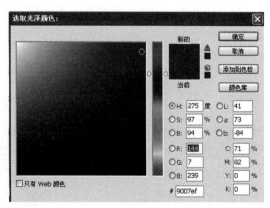

图3-25 "正片叠底"的颜色调整

图3-26 产品4"光泽"样式效果图

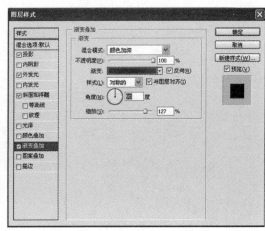

图3-27 "渐变叠加"的颜色调整

图3-28 所有产品图层的调整

图3-29 所有产品图层效果图

知识提示

一、认识图层

图层是Photoshop的核心功能之一，有了它才能随心所欲地对图像进行编辑与修饰，没有图层则很难通过Photoshop处理出优秀的作品。使用图层可以在不影响图像中其他图素的情况下处理某一图素。可以将图层想象成一张张迭起来的醋酸纸，如图3-30所示。

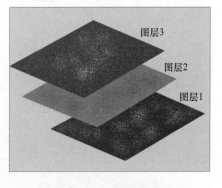

图3-30 图层想像效果图

如果图层上没有图像，就可以一直看到底下的图层。通过更改图层的顺序和属性，可以改变图像的合成。另外，调整图层、填充图层和图层样式等特殊功能可用于创建复杂效果。

1. 图层的概念

当新建一个图像文件时，系统会自动在新建的图像窗口中生成一个图层，这时用户就可以使用绘图工具在图层上进行绘图。由此可以看出，图层是用来装载各种各样的图像的，它是图像的载体，没有图层，图像是不存在的。

图层具有两个特点：一是一个完整的图像是由各个层自上而下叠放在一起组合成的。最上层的图像将遮住下层同一位置的图像，而在透明区域可以看到下层的图像；二是每个图层上的内容是分别独立的，很方便进行分层编辑，并可为图层设置不同的混合模式及透明度，一个图像是由若干个图层组成的。

2. "图层"控制面板

系统默认情况下，"图层"控制面板位于工作接口的右侧，它用于存储、创建、复制或删除等图层的管理工作。在"图层"控制面板中自上而下列出了图像所包含的所有图层，对图层进行的各项操作都可以在"图层"控制面板中完成。

二、图层的基本操作

通过"图层"控制面板，用户可以方便地实现图层的创建、复制、删除、排序、对齐、链接和合并等操作，这也是制作复杂图像必须掌握的知识。

1. 新建图层

创建图层，首先要新建或打开一个图像文件，既可以通过"图层"控制面板快速创建，也可以通过菜单命令来创建。

2. 复制图层

复制图层就是为已存在的图层创建图层副本。

（1）通过菜单命令复制图层。通过菜单命令可以为当前已打开的不同图像创建新的图层，其操作步骤如下。

①将工作窗口中的任意一个图像文件设置为当前工作图像，并在"图层"控制面板中单击选择要复制的源图层。

②选择"图层"—"复制图层"菜单命令，打开"复制图层"对话框。

③在"复制图层"对话框"为（A）"文本框中输入新图层的名称，在"文档"下拉列表框中选择新图层要放置的图像文件，如图3-31所示。

图3-31 "复制图层"对话框

④单击"确定"按钮，这样就完成了图层的复制，如图3-32所示。

（2）通过"图层"控制面板复制图层。通过"图层"控制面板复制图层是使用最多的一种图层复制方法，其操作步骤如下：

①在"图层"控制面板中拖动要复制的图层至底部的"创建新图层"按钮上，此时鼠标指针形状变成手形图示，如图3-33所示。

图3-32　复制的新图层之一

图3-33　复制的新图层之二

②释放鼠标后就可以复制生成新的图层。

3. 删除图层

对于不再使用的图层，可以将其删除，删除图层后该图层中的图像也将被删除，删除图层有以下两种方法。

（1）通过菜单命令删除图层。

①在"图层"控制面板中选择要删除的图层。

②选择"图层"—"删除"—"图层"菜单命令，即可删除选择的图层。

（2）通过"图层"控制面板删除图层。

①在"图层"控制面板中选择要删除的图层。

②单击"图层"控制面板底部的删除图层按钮即可删除图层。

4. 调整图层排列的顺序

图层中的图像具有上层覆盖下层的特性，所以适当地调整图层的排列顺序可以制作出更为丰富的图像效果。

调整图层排列顺序的操作方法非常简单，只需按住鼠标左键将图层拖至目标位置，当目标位置显示一条高光线时释放鼠标即可。

5. 选择图层

只有正确地选择了图层，才能正确地对图像进行编辑及修饰，选择图层有3种方法。

（1）选择单个图层。如果要选择某个图层，只需要在"图层"控制面板中单击要选择的图层即可，被选择的图层背景呈蓝色显示，如图3-34所示。

（2）选择多个连续图层。Photoshop允许用户同时选择多个连续图层，其操作步骤如下：

①选择要选择的多个连续图层的最边缘图层。

②按住<Shift>键，同时单击另一侧边缘的图层，这样就可以将多个连续的图层一并选中。

（3）选择多个不连续图层。如果要选择多个不连续的图层，其操作步骤如下：

①选择要选择的多个不连续图层中的一个图层，如图3-35所示。

图3-34　选择单个图层

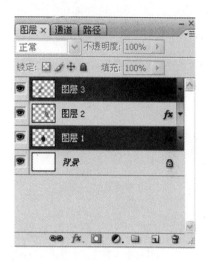

图3-35　选择多个不连续的图层

图3-36　链接的图层

②按住<Ctrl>键，同时单击其他需要选择的图层，这样就可以将多个不连续的图层选中。

6. 链接图层

图层的链接是指将多个图层链接成一组，可以同时对链接的多个图层进行移动、变换和复制操作，其操作步骤如下：

①选择要链接的图层，如图3-36所示。

②单击"图层"控制面板底部的"链接图层"按钮，此时链接后的图层的右侧会出现链接图标，表示被选择的图层已被链接。

7. 对齐与分布图层

Photoshop CS4允许用户同时对选择的图层进行对齐和分布操作，从而实现图像间的精确移动。此项操作通过"图层"—"对齐"—"……"和"图层"—"分布"—"……"菜单命令或通过移动工具属性栏中的选项来实现。

8.合并图层

合并图层就是将两个或两个以上的图层合并到一个图层上。较复杂的图像处理完成后，一般都会产生大量的图层，这会使图像文件变大，使计算机处理速度变慢，此时可根据需要对图层进行合并，以减少图层的数量。

（1）向下合并图层。向下合并图层就是将当前图层（图3-31）与它底部的第一个图层进行合并，通过"图层"—"向下合并"菜单命令进行操作（Ctrl+E），如图3-37所示，合并操作后的图像如图3-38所示。

图3-37　合并操作后的图层　　　　　　　　图3-38　合并操作后的图像

（2）合并可见图层。合并可见图层就是将当前所有的可见图层（图3-39）合并成一个图层，选择"图层"—"合并可见图层"命令进行操作。合并操作后的图层如图3-40所示。

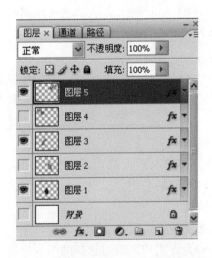

图3-39　"合并可见图层"操作前的图层　　　　图3-40　"合并可见图层"操作后的图层

（3）拼合图像。拼合图像就是将所有可见图层（图3-41）进行合并，而隐藏的图层将被丢弃，选择"图层"—"拼合图像"菜单命令进行操作。合并操作后的图层如图3-42所示。

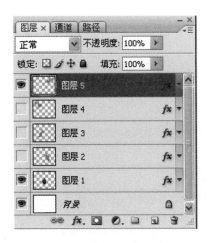

图3-41 "拼合图像"操作前的图层   图3-42 "拼合图像"操作后的图层

三、为图层添加图层样式

Photoshop允许为图层添加样式，使图像呈现不同的艺术效果。Photoshop内置了10多种图层样式，使用它们只需要简单设置几个参数就可以轻易地制作出投影、外发光、内发光、浮雕、描边等效果。为图层添加图层样式是通过在"图层样式"对话框中设置相应的参数来实现的。

项目小结

通过对清潭陶瓷产品的重新放置，围绕"图层"进行操作，通过"图层"控制面板，实现图层的创建、复制、删除、排序、对齐、链接、合并和图层样式等操作，这也是制作复杂图像必须掌握的知识。

课外项目

1.画一幅奥运会的五环标志图。
2.以"慈爱"为主题，设计一张爱心明信片。

项目　"都世广告制作有限公司"广告图片制作业务

任务描述

一天，摄影师陈桦给演员张小梅拍了几张宣传照，其中有一张是脸部特写，没有达到张小梅的理想效果，要求后期制作专员刘雄做适当的调整，刘雄通过一系列的操作，终于使张小梅的脸部达到了美容的效果。

刚过不久，"凤翔农家乐"的李老板来了，因为业务的需要，他请求"都世广告制作有限公司"为自己的"农家乐"做一张招牌。

李老板走后，杨先生来到"都世广告制作有限公司"，他有一张收藏价值很高的合影照片，遗憾的是自己的儿子没有在合影里，杨先生要求从另外一张照片里剪辑儿子的相片，恰当地放到合影照片中，修补照片中的不足。

任务分析

用蒙版技术完成"广告图片制作业务"项目，重点完成下列任务：

（1）美容人物脸部区域。

（2）制作"凤翔农家乐"商业招牌。

（3）合并多张图时，利用图层蒙版和渐变工具实现图片间的自然过渡。

知识要点

掌握快速蒙版、矢量蒙版、剪切蒙版、图层蒙版等技巧，进行抠取图像、修改图像和剪贴图像。

任务一　给女孩的脸部进行美容

1. 修掉女孩脸上与肩上颜色较重的痘点

（1）执行"文件"—"打开"命令，打开"素材4-2.jpg"图片，如图4-1所示。

（2）在工具箱中选择"污点修复"工具，修掉女孩脸上与肩上颜色较重的痘点。

2. 在快速蒙版模式编辑，并转化为选区，从而选中人物部分皮肤

（1）单击工具箱下方"以快速蒙版模式编辑"按钮 ⬛ ，为图像添加快速蒙版。

（2）选择"缩放"工具，通过右击画布，在弹出的菜单中选择"按屏幕大小缩放"选项，将图像在屏幕上能够以"最大化"形式显示。

（3）选择"画笔"工具，设置画笔形状为"边缘清晰"，画笔大小自定，在人物皮肤部位涂抹，效果如图4-2所示。

（4）按Q键返回标准编辑状态，则刚才利用"画笔"工具涂抹过的部位变为选区状态，效果如图4-3所示。

图4-1　素材图　　　　　　　图4-2　用画笔涂抹皮肤　　　　　　图4-3　转换为选区

3. 对选中的皮肤进行美容

（1）选择"矩形选取"工具，右击图片，点击羽化，设置羽化半径为2像素。

（2）按键<Ctrl+Shif+I>，将选区反选，选区范围如图4-4所示。

（3）执行"滤镜"—"模糊"—"镜头模糊"或"高斯模糊"命令，设置过程中，模糊参数不要过高，效果如图4-5所示。

（4）按快捷键<Ctrl+D>，取消选区状态，点击"文件"—"保存"保存图像，最终效果如图4-6所示。

图4-4　反选"选区"　　　　图4-5　使用"镜头模糊"滤镜　　　　图4-6　"美容"效果图

任务二　制作"凤翔农家乐"招牌

1. 将"素材4-3"与"素材4-4"合并在一张图上

（1）执行"文件"—"打开"命令，分别打开"麦田.jpg"和"楼房.jpg"两幅图片，文件存放在：项目4蒙版\素材\素材4-3.jpg和素材4-4.jpg，如图4-7和图4-8所示。

图4-7　素材4-3

图4-8　素材4-4

（2）首先编辑"素材4-3"图片。执行"图像"—"画布大小"命令，在弹出的"画布大小"对话框中设置参数，如图4-9所示。

（3）使用"移动"工具，将"素材4-4"图片移动到"素材4-3"图片上，并在图层面板中调整它们所在图层的上下位置，效果如图4-10所示。

2. 利用图层蒙版与渐变工具实现两张图片的自然过渡

（1）单击图层面板下方"添加图层蒙版"按钮 ，给楼房图层添加图层蒙版；选择"渐变"工具，设置渐变方式为"线性渐变"，在"渐变编辑

图4-9　设置画布大小

图4-10　合并两幅图片

器"中选择渐变色为"由纯黑到纯白"，从左到右拖曳鼠标，蒙版缩略图上显示由黑到白渐变，图像边缘出现虚化效果，效果如图4-11所示。

图4-11　给蒙版添加渐变效果

（2）点击"画笔"工具，调整前景色为黑色，设置画笔形状为"柔角200"，在图片过渡处的蒙版层进行涂抹，最后效果如图4-12所示。

图4-12　效果图

任务三　合成相片

1. 利用"裁切"工具对照片进行适当的裁切

（1）执行"文件"—"打开"命令，打开"素材4-5.jpg"图片，文件存放在：第四单元素材\素材4-5.jpg，如图4-13所示。

图4-13　素材图

（2）裁切照片。因为在冲洗照片时，对尺寸有严格的要求，所以经常需要用到"裁切"工具。设置"裁切"工具的属性栏如图4-14所示。

图4-14　裁切工具的属性栏设置

（3）对照片进行裁切，注意上下、左右的尺寸要合理。裁切后的效果如图4-15所示。

图4-15　裁切后的效果

2. 调整照片亮度和色彩

调整照片亮度和色彩。执行"图像"—"调整"—"曲线"命令，在弹出的"曲线"对话框中设置参数如图4-16所示，对照片的亮度进行调整。这对照片色彩调整的效果不甚明显，仅起到简单提亮的作用，效果如图4-17所示。如果遇到在恶劣天气拍摄的色彩出现严重问题的照片，还可以使用"图像"—"调整"—"色彩平衡"命令进一步进行调整。

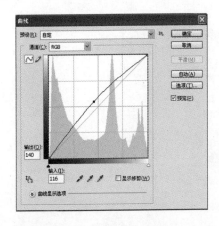

图4-16　"曲线"对话框

图4-17　调整照片的亮度

3. 抠取人物图像，贴入选区

（1）抠图。执行"文件"—"打开"命令，打开人物图片，如图4-18所示。运用前面所学方法对人物外形进行抠图，创建图像的选区并按快捷键<Ctrl+C>复制选区，如图4-19所示。

（2）创建选区。在合影中间空位处运用"磁性套索"工具或"钢笔工具"创建选区，如图4-20所示。

图4-18　学生素材图　　　图4-19　抠图后效果　　　　　　　图4-20　创建选区

（3）贴入选区。执行"编辑"—"贴入"命令，使"学生"图像粘贴入合影中；在图层面板中随生成一个"图层蒙版"的图层，如图4-21所示。

（4）调整图像。根据人物的身高，按快捷键<Ctrl+T>对图像进行缩放，并对图像进行亮度和色彩调整，如图4-22所示。

图4-21　贴入选区生成图层蒙版　　　　　　图4-22　调整图像亮度和色彩

（5）处理蒙版。运用"画笔"工具，设置前景色为白色，对蒙版进行修整，去掉瑕疵，如图4-23所示。

（6）保存照片。最后效果图如图4-24所示。

图4-23　处理图层蒙版　　　　　　　　　　　图4-24　效果图

知识提示

一、蒙版的概念和作用

1. 蒙版的概念

蒙版虽然是一种选区，但它跟常规的选区颇为不同。常规的选区表现了一种操作趋向，即将对所选区域进行处理，而蒙版却相反，它是对所选区域进行保护，让其免于操作，而对非掩盖的地方应用操作。

蒙版就是我们选区之外的地方，用来保护选区的外部。由于蒙版所蒙住的地方是我们编辑选区时不受影响的地方，需要完整地留下来，因此，在图层上需要显示出来（在总图上看得见），从这个角度来理解则蒙版的黑色（即保护区域）为完全透明，白色（即选区）为不透明，灰色介于两者之间（部分选取，部分保护）。

2. 蒙版的作用

如果你想对图像的某一特定区域运用颜色变化、滤镜和其他效果时，没有被选的区域（也就是黑色区域）就会受到保护和隔离而不被编辑。说白了，蒙版和圈选线选择区域在使用和效果上有相似之处，但蒙版可以利用Photoshop的大部分功能甚至滤镜更为详细地描述出具体想要操作的区域。

可以从几个方面去理解蒙版，比如从通道的角度来理解，白色代表被选中的区域，含有灰度的区域则是部分选取，或者说是该区域的不透明度介于0~100。

以图层蒙版为例，不对原图做修改，即不添加蒙版，可设想蒙版全为白色，相对的整幅图被蒙版遮盖则在颜色通道中蒙版为黑色，如果想遮盖某一部分，则用画笔（前景黑色）进行涂抹，那么被涂的部分上面就有一层蒙版，如果想去掉某部分蒙版，则只需用前景色为白色的画笔进行涂抹。

当蒙版的灰度色深增加时，被覆盖的区域会变得愈加透明，利用这一特性，可以用蒙版改变图片中不同位置的透明度，甚至可以代替"橡皮"工具在蒙版上擦除图像，而不影响到图像本身。

3. 蒙版的优势

蒙版抠图法的优势是直接快捷，具有比较强的综合性，在采用此方法进行抠图的时候，在与图像外形相结合的同时，也要结合图像颜色。采用魔棒工具对区域进行定位抠图，接着采用蒙版工具选出将要抠图的范围，在此过程中不停地采用黑白两色笔在蒙版区域上进行删减、添加等步骤，直到选出精准的区域。

4. 选区、通道与蒙版的关系

选区、蒙版和通道是Photoshop中3个紧密相关的概念。选区、通道、蒙版之间密不可分，彼此之间相互呼应又相互转换，也可以把它们视为同一个事物的不同方面。

选区是灵魂，Photoshop中大多数操作都是围绕选区进行的。Photoshop应用最多的几个常用工具，如选框工具、套索工具、魔棒工具、钢笔工具等，都可以创建或转换选区。利用通道、蒙版也可以创建特殊的选区。

选区一旦选定，实际上也就创建了一个蒙版，虽然蒙版也是一种选区，但它跟常规的选区颇为不同。常规的选区表现了一种操作趋向，即将对所选区域进行处理，而蒙版却恰恰相反，它是对所选区域进行保护，让其免于操作，而对非掩盖的地方进行操作。

通道是仓库，可以存储选区和蒙版，存储选区后可以在"通道"面板上生成一个Alpha通道，添加蒙版后即可在通道面板上生成蒙版通道。

5. 蒙版的分类

在Photoshop中，蒙版可以分为许多种类型，现介绍其中较常使用到的3种。

（1）图层蒙版。图层蒙版给人的感觉就是一个图层。从广义上来讲，任何一个图层都可以视为其下所有图层的蒙版，该图层的不透明度将直接影响其下图层的显示和隐藏。

（2）矢量蒙版。矢量蒙版类似于图层蒙版，也是用来控制图层的显示与隐藏的。矢量蒙版是通过形状控制图像的显示区域，它仅能作用于当前图层。矢量蒙版中创建的形状是矢量图，可以使用钢笔工具和形状工具对图形进行编辑修改，从而改变蒙版的遮罩区域，也可以对它任意缩放而不必担心产生锯齿。

（3）快速蒙版。它的作用是通过用黑白灰三类颜色画笔来做选区，白色画笔可画出被选择区域，黑色画笔可画出不被选择区域，灰色画笔画出半透明选择区域。画笔进行画出线条或区域，然后再按<q>键，得到的是选区和一个临时通道，我们可以在选区进行填充或修改图片和调色等，当然还有抠图。

二、蒙版基础操作

在Photoshop中，除了创建蒙版之外，有关蒙版的基础操作几乎都是对于图层蒙版而言的，包括图层蒙版的显示与隐藏、删除、停用与启用等操作。同时结合选区知识，还将介绍如何通过图层蒙版创建选区。

1. 蒙版的创建

（1）创建图层蒙版。图层蒙版的主要作用是用来保护部分图层，让用户无法编辑；显示或隐藏部分图像。通过更改图层蒙版，可以对图层应用各种特殊效果，而不会实际影响该图层上的像素，然后可以应用蒙版并使这些更改永久生效，或者删除蒙版而不应用更改。

创建图层蒙版的方法是单击"图层"面板下方"添加图层蒙版"按钮 ▣ ，即可创建图层蒙版，并在图层缩略图右侧显示图层蒙版标记。

（2）创建矢量蒙版。矢量蒙版与图层蒙版本质上的区别是，图层蒙版主要由绘画或选择工具创建，使用的是像素化的图像来控制图像的显示与隐藏；而矢量蒙版则是由钢笔或形状工具创建的，使用矢量图形来控制图像的显示和隐藏。由于矢量蒙版具有矢量特性，因此在输出时，矢量蒙版的光滑程度与分辨率无关；而图层蒙版属于位图图像，与分辨率相关。

图层蒙版和矢量蒙版都显示为图层缩览图右边的附加缩览图。对于图层蒙版，此缩览图代表添加图层蒙版时创建的灰度通道，而矢量蒙版缩览图则代表从图层内容中剪下来的路径。要想查看矢量蒙版，需在路径调板中进行。

用户可以将矢量蒙版转换为图层蒙版，只需执行"图层"—"栅格化"—"矢量蒙版"命令即可。一旦将矢量蒙版转换为图层蒙版，就无法再将它改回矢量对象。

（3）创建快速蒙版。创建快速蒙版的方法是：单击工具箱下方"以快速蒙版模式编辑"按钮 ▣ ，即可创建快速蒙版。或者是在背景图层上创建选区，单击工具箱下方"以快速蒙版模式编辑"按钮 ▣ ，即可创建快速蒙版。默认状态下选区周围会出现透明的红色。

2. 图层蒙版的显示与隐藏

显示图层蒙版的方法是单击"图层"面板中蒙版左边的"指示图层可见性"按钮 ▣ ，使眼睛图标出现，图层蒙版随之显现。

隐藏图层蒙版的方法是单击面板中蒙版左边的"指示图层可见性"按钮 ◉ ，使眼睛图标消失，图层蒙版随之隐藏。

3. 图层蒙版的删除

在"图层"面板中，单击该图层蒙版缩览图，然后将其拖曳至面板底部的"删除图层"按钮处，此时将弹出一个提示框，单击"是"按钮，即可删除该蒙版，也可以直接执行"图层"—"图层蒙版"—"删除"命令，即可删除图层蒙版。还可以右击图层面板"图层蒙版"缩略图 ▣ ，在弹出菜单中选择"删除图层蒙版"选项，也可以删除图层蒙版。

4. 图层蒙版的停用与启用

停用图层蒙版的方法是右击图层面板"图层蒙版"缩略图 ▣ ，在弹出菜单中选择"停用图层蒙版"选项，即可停止使用图层蒙版。但此时并没有将其删除，只是"图层蒙版"缩略图 ▣ 变为 ⊠ 样式。

启用图层蒙版的方法是右击图层面板"图层蒙版"缩略图 ⊠ ，在弹出菜单中选择"启用图层蒙版"选项，即可再次启用图层蒙版。此时"图层蒙版"缩略图由 ⊠ 变为 ▣ 样式。

三、通过图层蒙版创建选区

1. 蒙版转换为选区

打开课本"素材4-1.jpg"文件，新建背景副本复制图层，点击按钮 ▣ ，建立图层蒙版，用矩形选取工具建立选区，反向选区，在图层蒙版缩览图上用黑色填充。按住Ctrl键，在如图4-25所示图层面板单击"图层蒙版缩略图"按钮 ▣ ，蒙版随即转换为选区，效果如图4-26所示。

图4-25　图层面板

图4-26　蒙版转换为选区

2. 添加蒙版到选区

使用套索工具在图片上创建选区，如图4-27所示。右击图层面板中"图层蒙版缩略图"按钮 ▢，在弹出如图4-28所示的菜单中选择"添加蒙版到选区"选项，即可使两个选区合并，合并效果如图4-29所示。

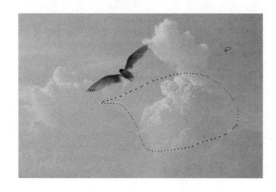

图4-27　创建椭圆选区

图4-28　执行"添加蒙版到选区"命令

3. 从选区中减去蒙版

返回到之前进行的套索工具在图片上创建选区操作，右击图层面板"图层蒙版缩略图"按钮 ▢，在弹出的菜单中选择"从选区中减去蒙版"选项，椭圆选区就会减去蒙版的部分，选区效果如图4-30所示。

图4-29　添加蒙版到选区

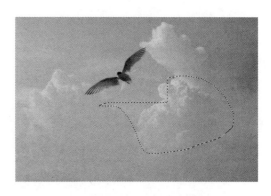

图4-30　从选区中减去蒙版

4.使图层蒙版与选区交叉

返回到之前进行的套索工具在图片上创建选区操作，右击图层面板"图层蒙版缩略图"按钮 ，在弹出的菜单中选择"使图层蒙版与选区交叉"选项，两个选区的交集就出现了，效果如图4-31所示。

图4-31　使图层蒙版与选区交叉

项目小结

通过对"宣传艺术像""门头招牌""合影照片"三个项目的完成，我们学习了利用蒙版建立选区，通过蒙版让图片的透明度渐变，在蒙版中精细处理图片。经过对蒙版的理解与操作，让我们了解蒙版的操作原理与一般的操作方法。

课外项目

1.根据素材制作一张时装设计宣传海报。
2.以"生态"为主题，设计一张公益宣传画。

第5单元 | 调整和修饰图像

项目 | 制作水晶质感数码相框

图5-1　水晶质感数码相框效果图

任务描述

公司的大客户之一——海天科技公司计划进军数码相框市场，需设计并制作一款水晶质感相框效果图用于企划案中，吸引投资人的关注。

任务分析

要完成"制作水晶质感相框"的项目，重点完成下列任务：

（1）启动Photoshop图像处理软件，打开产品图片，将图片进行颜色校准。

（2）将图片更改为客户所需颜色。

（3）对图片进行最终效果处理。

（4）设计并制作水晶质感相框。

知识要点

图像调整是Photoshop校准图片色彩的重要功能之一，Photoshop中对图像色彩和色调的控制是图像编辑的关键，它直接关系到图像最后的效果，只有有效地控制图像的色彩和色调，才能制作出高品质的图像。

任务一　打开产品图片，将图片进行颜色校准

这里我们需要用到图像调整中的色阶，通过对色阶的参数调整，将图片的色彩进行校准。

1. 启动Photoshop图像处理软件，单击"文件"—"打开"，打开"产品素材.jpg"图片

图5-2　打开图片

2. 点击"图像"—"调整"—"色阶"（Ctrl+L）

如图5-3（1）、图5-3（2）所示。

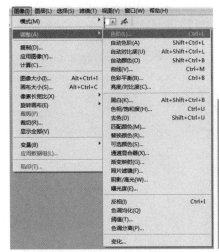

图5-3（1）　"图像"—"调整"—"色阶"　　　　图5-3（2）　设置色阶参数

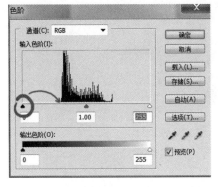

（1）将色阶对话框中的输入色阶中的黑色三角符号拖至如图5-4所示位置，效果如图5-5所示。

图5-4　拖动色阶中的黑色三角符号

图5-5　拖动效果

（2）将色阶对话框中的输入色阶中的白色三角符号拖至如图5-6所示位置，完成色彩校准，效果如图5-7所示。

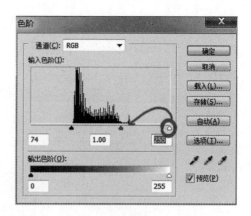

图5-6　拖动色阶中的白色三角符号

图5-7　色彩校准效果图

任务二　将图片更改成所需颜色

通过图像调整中的"色彩平衡""色相饱和度""曲线"等调整工具，我们可以调试多种不同的色彩效果。

（1）将图片去色。单击"图像"—"调整"—"去色"<Ctrl+Shift+U>，如图5-8所示，效果如图5-9所示。

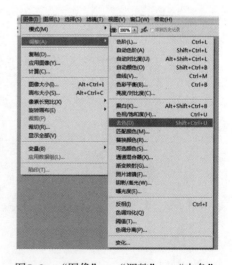

图5-8　"图像"—"调整"—"去色"

图5-9　去色效果图

（2）单击"图像"—"调整"—"色彩平衡"<Ctrl+B>，如图5-10（1）、图5-10（2）所示。

图5-10（1）　"图像"—"调整"—"色彩平衡"　　　图5-10（2）　设置色彩平衡参数

（3）调整参数，如图5-11所示。

图5-11　调整参数

（4）利用"快速选择工具"（或使用"钢笔工具"进行描边做选区）将图中的花朵选出，如图5-12（1）、图5-12（2）所示。

图5-12（1）　快速选择工具　　　　　　　　图5-12（2）　选取花朵

（5）点击鼠标右键，选择"通过拷贝的图层"将花朵与背景分开，如图5-13（1）、图5-13（2）所示。

图5-13（1）　通过拷贝的图层　　　　　　　图5-13（2）　单独生成花朵层

（6）单击"图像"—"调整"—"色相/饱和度"（Ctrl+U），如图5-14（1）、图5-14（2）所示。

图5-14（1）　"图像"—"调整"—"色相/饱和度"　　图5-14（2）　设置色相/饱和度

（7）调至如图5-15所示参数。

图5-15　调整参数

（8）单击"图像"—"调整"—"曲线"<Ctrl+M>，如图5-16（1）、图5-16（2）所示。

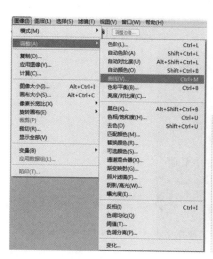 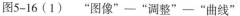 

图5-16（1）　"图像"—"调整"—"曲线"　　图5-16（2）　设置曲线参数

（9）依次调整如图5-17（1）、图5-17（2）、图5-17（3）所示参数。

图5-17（1） 调整参数

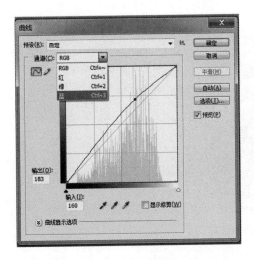

图5-17（2） 调整参数

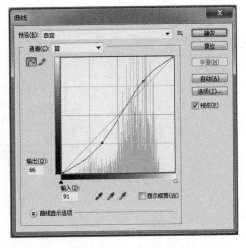

图5-17（3） 调整参数

效果如图5-18所示。

图5-18 调整效果图

任务三　对图片进行最终效果处理

（1）将两个图层合并，如图5-19（1）、图5-19（2）所示。

图5-19（1）　合并图层

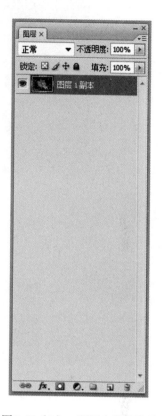

图5-19（2）　图层合并后结果

（2）选择"加深"工具，并调整参数，如图5-20（1）、图5-20（2）所示。

图5-20（1）　"加深"工具

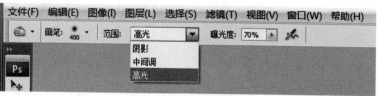

图5-20（2）　调整参数

（3）按住鼠标左键对画面进行涂抹，把颜色加深，如图5-21所示。

图5-21　涂抹图像

（4）选择"减淡"工具，并调整参数，如图5-22（1）、图5-22（2）所示。

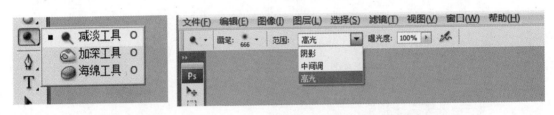

图5-22（1）　"减淡"工具　　　　　　　　图5-22（2）　设置参数

（5）为了使花朵成为视觉中心，我们可以按住鼠标左键对花朵进行涂抹，把颜色减淡，如图5-23所示。

图5-23　涂抹花朵

（6）单击"窗口"—"历史记录"，调出"历史记录"工具，如图5-24所示。

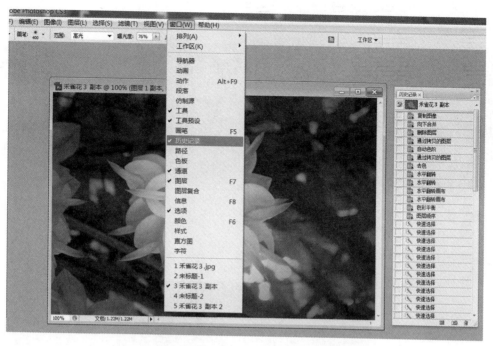

图5-24　"窗口"—"历史记录"

（7）单击"历史记录"面板右下角的"创建新快照"按钮，如图5-25（1）、图5-25（2）所示。

图5-25（1）　"历史记录"面板右下角的
"创建新快照"按钮

图5-25（2）　按下"历史记录"面板右下角的
"创建新快照"按钮结果

最终可通过来回切换"快照"观看前后调整的对比，如图5-26（1）、图5-26（2）所示。

图5-26（1） 切换"快照"前效果

图5-26（2） 切换"快照"后效果

最终图片效果图如图5-27所示。

图5-27 产品素材图片调色效果图

任务四 制作水晶质感数码相框

（1）启动Photoshop图像处理软件，单击"文件"—"新建"，如图5-28所示文件命名为水晶质感数码相框.psd。

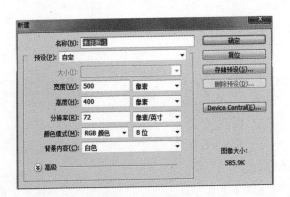

图5-28 新建文件

（2）选择油漆桶工具，填充一个灰色背景（R：70；G：70；B：70）。如图5-29（1）、图5-29（2）所示。

图5-29（1） 油漆桶工具

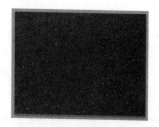

图5-29（2） 填充灰色背景

（3）选择圆角矩形工具，设置半径为5px，如图5-30（1）、图5-30（2）所示。

图5-30（1） 圆角矩形工具

图5-30（2） 设置半径为5px

（4）拉出一个圆角矩形，用路径选择工具点中圆角矩形，复制路径<Ctrl+C>并粘贴路径（Ctrl+V），如图5-31（1）、图5-31（2）所示。

图5-31（1） 圆角矩形

图5-31（2） 路径选择工具

（5）按鼠标右键—自由变换路径，按住Alt键，同时按住左下角的小方格往内拉，调整如图5-32（2）所示。

图5-32（1） 自由变换路径

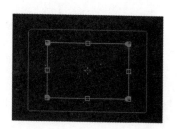

图5-32（2） 调整效果图

（6）用"路径选择工具"，选中所有路径，单击"编辑"—"变换路径"—"旋转"。

（7）根据近大远小的透视规则合理摆放相框位置（利用变换的"透视"、"旋转"、"缩放"等效果），最终效果如图5-34所示。

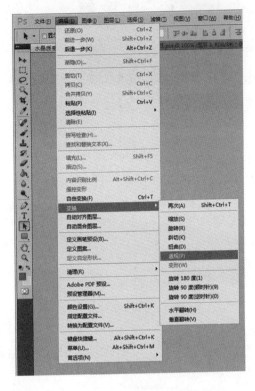

图5-33　"编辑"—"变换"—"透视"

图5-34　利用变换的"透视"、
"旋转"、"缩放"调整结果

（8）新建图层一，用"路径选择工具"点选大圆角矩形，鼠标右键—填充子路径（前景色R：200；G：200；B：200）。

图5-35（1）　填充子路径

图5-35（2）　填充子路径效果图

图5-36 填充效果

（9）新建图层二，用"路径选择工具"点选小圆角矩形，同上填充颜色（R：130；G：130；B：130），效果如图5-36所示。

（10）制作相框厚度：用"路径选择工具"点选大圆角矩形，使用键盘上的方向键，微调路径位置，然后新建图层三（注意图层顺序，置于图层1之下），填充路径（R：229；G：229；B：229），效果如图5-37（1）、图5-37（2）所示。

图5-37（1） 微调路径位置

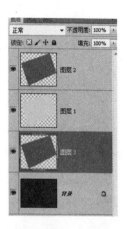

图5-37（2） 图层3

（11）在图层3下新建图层4，选择圆角矩形感工具，半径为15px，建一个类似长方体的支撑架，填充颜色（R：51；G：51；B：51）效果如图5-38所示。

（12）鼠标右键，点击"建立选区"，调出通道面板，点击面板下" "，将选区存储为通道，如图5-39（1）、图5-39（2）所示。

图5-38 类似长方体的支撑架

图5-39（1） 建立选区

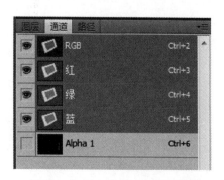

图5-39（2） 将选区存储为通道

（13）切换到通道面板保持选区不变，点击新建的Alpha1通道，点击"滤镜"—"模糊"—"高斯模糊"，数值为1，确定后再执行一次模糊操作，数值为3，这个要自己把握下，多次模糊几次以免边缘有层次，影响效果。

（14）回到图层4，单击"滤镜"—"渲染"—"光照效果"，参数如图5-41（1）、图5-41（2）所示（注：可用鼠标拖动、放大光圈）。

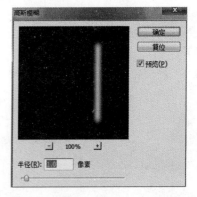

图5-40　"滤镜"—"模糊"—"高斯模糊"

图5-41（1）　"滤镜"—
"渲染"—"光照效果"

图5-41（2）　设置光照效果

（15）在图层4上新建图层5，并创建剪切蒙版。

（16）在图层5上填充灰色（R：166；G：166；B：166），图层不透明度为40%。在支撑架黑与白的交界建一个矩形选区，然后按<Delete>键，向下合并图层。最后使用自由变换将支撑架正确摆放，效果如图5-43（1）、图5-43（2）所示。

图5-42　创建剪切蒙版

图5-43（1）　支撑架矩形选区　　　　　　　　　图5-43（2）　摆放效果

（17）按住<Ctrl>键，鼠标左键点击图层2，选中屏幕的选区；然后选中图层1，按<Delete>键。<Ctrl+D>如图5-44（1）、图5-44（2）所示。

图5-44（1）　选中屏幕的选区　　　　　　　　图5-44（2）　删除图层1

（18）设置图层1的图层样式，参数如图5-45所示。

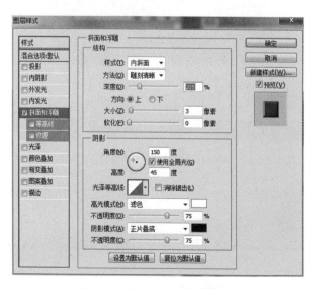

图5-45　设置图层1的图层样式

（19）选中图层3，设置图层样式，参数如图5-46、图5-47所示。

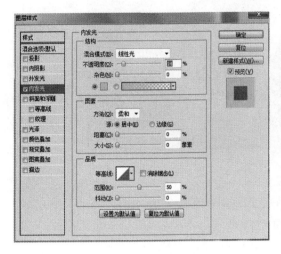 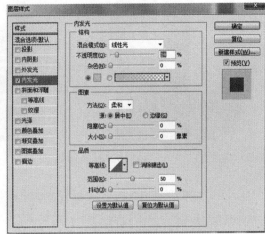

图5-46　设置图层3图层样式（1）　　　　　图5-47　设置图层3图层样式（2）

（20）在图层1上新建一个图层，并创建剪切蒙版。

（21）用钢笔工具勾出因反向灯光受光的面积，将路径转换为选区，在蒙版上使用渐变工具，渐变预设为"前景色向透明渐变"，不透明度为70%（因为白色不好表现水晶质感，前景色要与相框本身颜色相差不多），如图5-48（1）、（2）所示。

图5-48（1）　钢笔工具勾出因反向灯光受光的面积

图5-48（2）　设置渐变工具

（22）为相框印上Logo：选择文字工具，打出Logo字样，之后用自由变换工具调整Logo大小和位置。

图5-49　设置文字工具

（23）打开图5-34，把它拖进水晶质感数码相框文件里，使用自由变换工具调整大小和位置，在图层2上创建剪贴蒙版，如图5-50所示。

（24）制作倒影：①复制图层4，并垂直水平翻转，在图层4副本上创建剪贴蒙版，选择渐变工具，渐变预设为"前景色向透明渐变"，不透明度为40%。

②合并图层1、2、3、5、6、7和字符图层，并复制新合并的图层，垂直翻转，在图层4副本上创建剪贴蒙版，选择渐变工具，渐变预设为"前景色向透明渐变"，不透明度为40%，最终效果如图5-51所示。

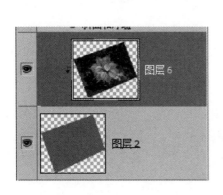

图5-50　创建剪贴蒙版

图5-51　水晶质感数码相框效果图

知识提示

Photoshop中对图像色彩和色调的控制是图像编辑的关键，它直接关系到图像最后的效果，只有有效地控制图像的色彩和色调，才能制作出高品质的图像。

一、色调调整

色调是指一幅图像的明暗程度，用户可以根据需要调整图像的色调。调整色调的命令主要有色阶、自动色阶、曲线以及亮度和对比度等。用户可以通过调整图像的明暗程度，来实现我们所需要的效果。

1. 色阶

色阶命令是通过调整图像的暗调、中间调和高光来校正图像的色调范围和颜色平衡的。选择"图像"—"调整"—"色阶"命令，弹出"色阶"对话框，在这个对话框中包含一个直方图，它可作为调整图像基本色调的直观参考依据，如图5-52所示。

直方图：用于显示当前的图

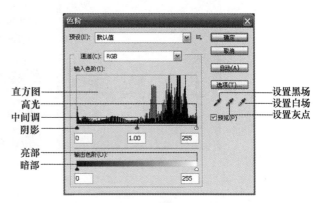

图5-52　"色阶"对话框

像，直方图的左侧代表阴影区域，中间代表中间调，右侧代表高光区域。

通道：在该下拉列表中可以选择需要进行调整的颜色通道，可在执行"色阶"命令之前，按住<Shift>键在"通道"菜单中选择这些通道。之后，"通道"菜单会显示目标通道的缩写，例如，RG表示红色和绿色通道，如图5-53（a）、（b）所示。

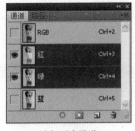
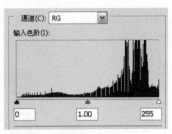

(a) 选择两个通道　　　　　　　　　　(b) 显示两个通道

图5-53　通道选择

输入色阶：在该选项中可以调整图像的暗调、中间调、高光范围的亮度值。用户可以在对应的文本框中输入数值进行调整，也可以通过拖动相对应的滑块来调整。

输出色阶：在该选项中可以调整整幅图像的亮度和对比度。用户可以在对应文本框中输入数值进行调整，也可以通过拖动相对应的滑块来调整。

载入：单击此按钮可以载入外部色阶。

存储：单击此按钮可弹出"存储"对话框，将当前的色阶保存起来。

自动：单击此按钮系统将会自动调整图像的色阶。

选项：单击此按钮可弹出"自动颜色校正选项"对话框，从中可以进行各种设置来自动校正颜色。

设置黑场 🖋：使用该工具在图像中单击，可将单击点的像素变为黑色，原图像中比该点暗的像素也变黑了，如图5-54（a）、（b）所示。

(a) 原图　　　　　　　　　　　(b) 设置黑场

图5-54　设置黑场

设置灰场 ：使用该工具在图像中单击，可根据单击点的像素的亮度来调整其他中间色调的平均亮度，如图5-55（a）、（b）所示。

(a) 原图

(b) 设置灰场

图5-55　设置灰场

设置白场 ：使用该工具在图像中单击，可将单击点的像素变为白色，原图像中比该点暗的像素也变白了，如图5-56（a）、（b）所示。

(a) 原图

(b) 设置白场

图5-56　设置白场

2. 曲线

曲线是Photoshop中应用非常广泛的一种色调调整工具，它不像"色阶"对话框只用3个控制点来调整颜色，而是将颜色范围分为若干个小方块，每个方块都能够控制一个亮度层次的变化。使用该命令可以对图像的色彩、亮度和对比度进行综合调整，使画面色彩更为平衡，也可以调整图像中的单色，常用于改变物体的质感。选择"图像"—"调整"—"曲线"命令，弹出"曲线"对话框，如图5-57所示。用户可通过该对话框中的曲线形状来对图像色调进行调整。

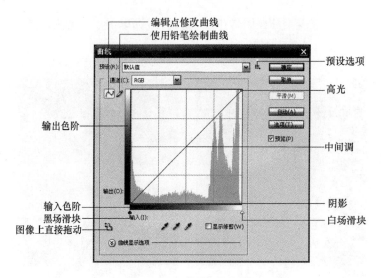

图5-57 "曲线"对话框

预设：单击该选项右侧的 ⊡ 按钮，可以打开一个下拉列表，如图5-58所示。选择"无"时，可通过拖动曲线来调整图像，调整曲线时，该选项会自动变为"自定"。选择其他选项时，则使用系统预设的调整设置。

预设选项 🗐：单击该按钮，可以打开一个下拉列表，如图5-59所示。选择"存储预设"命令可以存储颜色调整设置，以便将它们应用于其他图像；选择"载入预设"命令，则可以载入一个预设文件；选择"删除当前预设"命令，则可以删除当前存储的预设。

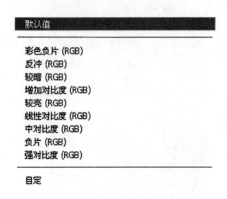

图5-58 预设下拉列表

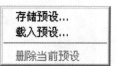

图5-59 预设选项下拉列表

通道：在该选项的下拉列表中可以选择需要调整的通道。

编辑点以修改曲线 ～ 按钮：单击该按钮，再用鼠标在曲线图表中单击可添加节点而产生色调曲线，拖动鼠标可改变节点位置（即可改变曲线的弯曲程度），向上拖动时图像色调变亮，向下拖动则变暗，如图5-60（a）、（b）所示。若将曲线调整成比较复杂的形状，可多次产生节点并对图像进行调整。

(a) 向上拖动

(b) 向下拖动

图5-60　编辑点修改曲线

通过绘制来修改曲线 ✐ 按钮：单击该按钮，将鼠标指针移至图表中单击并拖动，即可手动绘制出需要的色调曲线，如图5-61（a）、（b）所示。

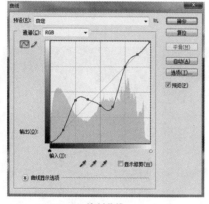

(a) 绘制曲线

(b) 效果图

图5-61　绘制修改曲线

平滑：使用铅笔工具绘制色调曲线后，单击该按钮可以使曲线变得更加平滑。

输入色阶/输出色阶：分别是显示调整前和调整后的像素值。

高光/中间/调阴影：移动曲线顶部的点可调整图像的高光区域；移动曲线中间的点可调整图像的中间调；移动曲线底部的点可调整图像的阴影区域。

黑场/灰场/白场：与色阶的相应工具作用相同。

自动：单击该按钮，可对图像应用"自动颜色""自动对比度"或"自动色阶"校正。具体的校正内容取决于"自动颜色校正选项"的设置。

选项：单击该按钮，可以打开"自动颜色校正选项"对话框，如图5-62所示。自动颜色校正选项用来控制由"色阶"和"曲线"中的"自动颜色""自动对比度""自动色阶"和"自动"选项应用的色调和颜色校正。自动颜色校正选项允许指定阴影和高光剪

图5-62　"自动颜色校正选项"对话框

切百分比，并为阴影、中间调和高光指定颜色值。

在图像上绘制 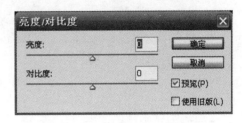 按钮：当选择编辑点以修改曲线时，通过这个按钮可以直接在图像上拖动绘制曲线。

曲线显示选项：用来控制曲线网格的显示。

3. 亮度和对比度

利用亮度/对比度命令可快速调节图像的色调，选择"图像"—"调整"—"亮度/对比度"命令，弹出"亮度/对比度"对话框，如图5-63所示。

亮度：拖动其对应的滑块或在其右侧的数值框中输入数值可调整图像的亮度。

对比度：拖动其对应的滑块或在其右侧的数值框中输入数值可调整图像的对比度，使用亮度/对比度命令的效果，如图5-64（a）~（c）所示。

图5-63　"亮度/对比度"对话框

(a) 原图

(b) 调整亮度

(c) 调整对比度

图5-64　亮度、对比度调节

4. 曝光度

利用曝光度命令可模拟传统摄影中各种曝光程度的不同效果，选择"图像"—"调整"—"曝光度"命令，弹出"曝光度"对话框，如图5-65所示。

图5-65　"曝光度"对话框

曝光度：用于调整图像高光区域的明暗，如图5-66（a）所示。

位移：用于调整图像中间调和阴影区域的明暗，如图5-66（b）所示。

灰度系数校正：用于调整整个图像的明暗，如图5-66（c）所示。

（a）调整曝光度　　　　　　　　（b）调整位移　　　　　　　　（c）调整灰度系数校正

图5-66　曝光度参数调节

5.阴影和高光

利用阴影/高光命令不只是简单地将图像变亮或变暗，还可通过运算对图像的局部进行明暗处理。选择"图像"—"调整"—"阴影/高光"命令，弹出"阴影/高光"对话框，如图5-67所示。

阴影：在该文本框中输入数值，可以设置图像阴影部分的百分比。

高光：在该文本框中输入数值，可以设置图像高光部分的百分比。

显示其他选项：勾选该项，可显示"阴影/高光"对话框中的其他选项，如图5-68所示，在其中用户可以对所要修改的图像进行更加精细的调整。打开一幅图像，选择"阴影/高光"命令，然后在弹出的"阴影/高光"对话框中进行适当的设置，其效果如图5-69（a）、（b）所示。

图5-67　"阴影/高光"对话框

图5-68　显示更多选项的"阴影/高光"对话框

(a) 原图　　　　　　　　　　　　　　(b) 效果图

图5-69　阴影/高光调整

二、色彩调整

色彩在设计中的重要性不言而喻，理解和运用好Photoshop的色彩调整，将会帮助用户在色彩的世界里做到游刃有余。

1. 色相和饱和度

利用色相/饱和度命令可以调整图像中单个颜色成分的色相、饱和度和亮度。选择"图像"—"调整"—"色相/饱和度"命令，弹出"色相/饱和度"对话框，如图5-70所示。

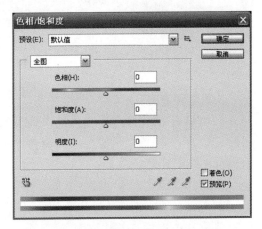

图5-70　"色相/饱和度"对话框

全图：在该下拉列表中可以选择允许调整的色彩范围，不但能够对全部图像所包含的颜色进行调整，而且能够分别对图像中的某一种颜色进行调整。

色相：在该文本框中输入数值或拖动滑块，可更改图像的色相，如图5-71（a）、（b）所示。

(a) 原图　　　　　　　　　　　　　　(b) 调整色相

图5-71　色相的调整

饱和度：在该文本框中输入数值或拖动滑块，可更改图像的饱和度。

明度：在该文本框中输入数值或拖动滑块，可更改图像的亮度。

着色：勾选该项，可为图像整体添加一种单一的颜色，变为单色图像后，拖动"色相"滑块可以调整图像的颜色，如图5-72（a）、（b）所示。

(a) 着色效果一　　　　　　　　(b) 着色效果二

图5-72　着色的调整

2. 照片滤镜

照片滤镜命令用于模拟真实拍摄中摄影滤镜下相片的效果。选择"图像"—"调整"—"照片滤镜"命令，弹出"照片滤镜"对话框，如图5-73所示，单击滤镜右侧的可弹出下拉列表，如图5-74所示。

图5-73　"照片滤镜"对话框　　　　　　图5-74　滤镜下拉列表

滤镜：可在弹出的下拉列表中选择滤镜的类型。

颜色：然后单击右侧的█图标，可在弹出的"拾色器"对话框中设置需要的滤镜颜色。

浓度：用于设置滤镜颜色的浓度，浓度越高效果越明显。

保留亮度：勾选该项，可使滤镜保持原来图像的亮度。打开一幅图像，选择"照片滤镜"命令，然后在弹出的"照片滤镜"对话框中进行适当的设置，如图5-75（a）～（c）所示。

 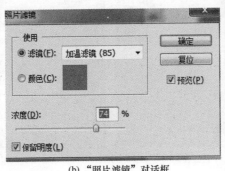 

(a) 原图　　　　　　　　　　(b) "照片滤镜"对话框　　　　　　　　(c) 调整后效果图

图5-75　照片滤镜参数调整

3. 色彩平衡

色彩平衡命令通过对图像的暗调、中间调和高光的色彩进行调整，使图像的整体色彩发生变化。选择"图像"—"调整"—"色彩平衡"命令，弹出"色彩平衡"对话框，如图5-76所示。

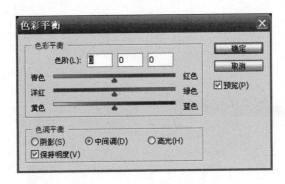

图5-76　"色彩平衡"对话框

色彩平衡：在该选项区中可以设置红、绿和蓝三原色的色阶值，"色阶"后面的3个文本框分别对应下面的3个滑块。用户可以通过在文本框中输入数值或拖动滑块来调整图像的颜色。

色调平衡：在该选项区中可以选择想要重新进行更改的色调范围，包括"阴影""中间调"和"高光"3个单选按钮。选择其中需要调整的选项，然后通过拖动滑块或改变文本框中的数值来调整所选色调的颜色。如图5-77（a）～（d）所示为利用色彩平衡命令分别对图像阴影、中间调和高光进行调整后的效果。

(a) 原图   (b) 阴影

(c) 中间调   (d) 高光

图5-77 色彩平衡参数调整

保持亮度：选中该复选框可以保持图像中的色调平衡。

4. 替换颜色

利用替换颜色命令可以在图像中选择特定的颜色，然后将其替换。选择"图像"—"调整"—"替换颜色"命令，弹出"替换颜色"对话框，如图5-78所示。

吸管工具：用吸管工具 在图像上单击，可以选择由蒙版显示的区域；用添加到取样工具 在图像中单击，可以添加颜色；用从取样中减去工具 在图像中单击，可以减少颜色。

颜色容差：可调整蒙版的容差，控制颜色的选择精度。

选区/图像：选择"选区"，可在预览区中显示蒙版。其中黑色代表了未被选择的区域，白色代表了被选择的区域，灰色代表了被部分选择的区域；如果选择"图像"，则预览区中可显示图像。

替换：用来设置用于替换的颜色的色相、饱和度和明度。

打开一个图像，执行"替换颜色"命令前后的效果，如图5-79（a）、（b）所示。

图5-78 "替换颜色"对话框

(a) 原图　　　　　　　　　(b) 替换颜色效果

图5-79　替换颜色设置

5. 可选颜色

可选颜色命令可在不影响图像中其他颜色的前提下对某种颜色进行具有针对性的修改，一般用于校正颜色平衡。选择"图像"—"调整"—"可选颜色"命令，弹出"可选颜色"对话框，如图5-80所示，单击颜色右侧的 ▼ 可弹出下拉列表，如图5-81所示。

图5-80　"可选颜色"对话框

图5-81　颜色下拉列表

预设：设置为默认值或是自定。

颜色：在该下拉列表中可以选择所要进行校正的颜色。选择某种需要校正的颜色后，可拖动"青色""洋红""黄色"和"黑色"选项下面对应的滑块，以调整图像中这些颜色的含量。

相对：可以增加或减少某种颜色的相对改变量。

绝对：以绝对值调整颜色。

打开一幅图像，选择"可选颜色"命令，然后在弹出的"可选颜色"对话框中进行适当的设置，其效果如图5-82（a）~（c）所示。

(a) 原图　　　　　　　　　(b) 洋红100　　　　　　　　　(c) 青色100

图5-82　可选颜色参数调整

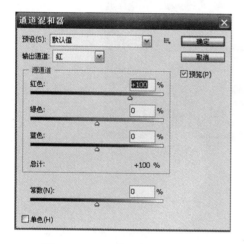

图5-83　"通道混合器"对话框

6. 通道混合器

通道混合器命令可以使用图像中现有（源）颜色通道的混合来修改目标（输出）颜色通道，从而控制单个通道的颜色量。选择"图像"—"调整"—"通道混合器"命令，弹出"通道混合器"对话框，如图5-83所示。

预设：在该选项的下拉列表中包含了Photoshop提供的预设调整设置，可以选择一个设置来直接使用。

输出通道：可以在其中选择要混合一个或多个现有通道的通道。

源通道：用来设置输出通道中源通道所占的百分比。将一个源通道的滑块向左移动时，可减小该通道在输出通道中所占的百分比；向右移动则增加百分比，负值可以使源通道在被添加到输出通道之前反相。增加和减少绿色通道百分比的效果，如图5-84（a）~（c）所示。

(a) 原图　　　　　　　(b) 增加绿色通道百分比　　　　　　(c) 减少绿色通道百分比

图5-84　通道混合器参数调整

总计：显示了源通道的总计值。

常数：用来调整输出通道的灰度值。

单色：勾选该项，可将彩色图像变为黑白图像。

三、彩色变黑白的颜色调整

当原来的彩色图片有怀旧情调，例如古刹风景照片，童年时代的照片，或者图片存在曝光过度，紫边较严重等缺欠时，可以将之处理成黑白照片，效果会比彩色好。

1. 去色

利用去色命令调整图像时不弹出任何对话框，但应用该命令后即可将图像中的颜色去除。打开一幅图像，选择"图像"—"调整"—"去色"命令，系统会自动将图像中所有颜色的饱和度都变为0，从而将图像变为彩色模式下的灰色图像，效果如图5-85（a）、（b）所示。

(a) 原图　　　　　　　　　　　　(b) 去色效果

图5-85　去色设置

2. 渐变映射

利用渐变映射命令可将图像颜色调整为选定的渐变图案颜色效果。选择"图像"—"调整"—"渐变映射"命令，弹出"渐变映射"对话框，如图5-86所示。

灰度映射所用的渐变：在该下拉列表中可选择相应的渐变样式来对图像颜色进行调整，如图5-87所示。

图5-86　"渐变映射"对话框　　　　　　图5-87　替换颜色设置

仿色：勾选该项，可在图像中产生抖动渐变。

反向：勾选该项，可将选择的渐变颜色进行反向调整。

打开一幅图像，选择"渐变映射"命令，然后在弹出的"渐变映射"对话框中进行适当的设置，其效果如图5-88（a）、（b）所示。

(a) 原图   (b) 渐变映射效果

图5-88 渐变映射设置

3. 黑白

利用黑白命令可以将彩色图像转换为灰度图像，同时保持对各映射的转换方式的完全控制，也可以通过对图像应用色调来为灰度着色。选择"图像"—"调整"—"黑白"命令，弹出"黑白"对话框，如图5-89所示。

预设：在该选项下拉列表中可以选择一个预设的调整设置，如图5-90所示。如果要存储当前的调整设置结果，可单击选项右侧的按钮，在打开的下拉菜单中选择"存储预设"命令。

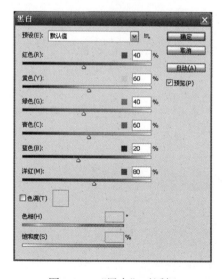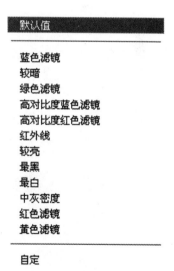

图5-89 "黑白"对话框   图5-90 预设下拉列表

预设滑块：通道滑块可调整图像中特定预设的灰色调。将滑块向左拖动时，可以将图像的原色的灰色调变暗，向右拖动则使图像的原色的灰色调变暗或变亮，如图5-91（a）~

（c）所示。如果将鼠标移至图像上方，光标将变为吸管状。单击图像某个区域并按住鼠标可以高亮显示该位置的主色的色卡，单击并拖动可移动颜色的颜色滑块，单击并释放可高亮显示选定滑块的文本框。

（a）原图

（b）黄色滑块向左拖动

（c）黄色滑块向右拖动

图5-91 黑白命令参数调整

色调：勾选该选项，可以对灰度应用色调，并根据需要调整"色相"滑块和"饱和度"滑块，如图5-92（a）、（b）所示。

（a）色调调整效果1

（a）色调调整效果2

图5-92 色调调整设置

自动：单击该按钮，可设置基于图像的颜色值的灰度混合，并使灰度的分布最大化。"自动"混合通常会产生极佳的效果，并可用作使用颜色滑块调整灰度值的起点。

4. 阈值

利用阈值命令可将一个彩色或灰度图像变成只有黑白两种色调的黑白图像。选择"图像"—"调整"—"阈值"命令，弹出"阈值"对话框，如图5-93所示。

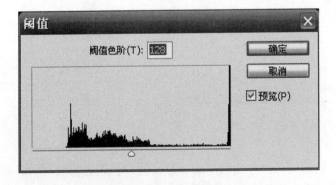

图5-93 "阈值"对话框

在该对话框中显示了当前选区中的像素亮度的直方图。用鼠标拖动直方图下方的滑块，或在"阈值色阶"文本框中输入数值，可调整阈值色阶。在调整过程中，图像会随时改变以反映新的阈值设置。

打开一幅图像，选择"阈值"命令，然后在弹出的"阈值"对话框中进行适当的设置，其效果如图5-94（a）、（b）所示。

(a) 原图　　　　　　　　　　　　　　(b) 阈值效果

图5-94　阈值调整设置

技巧：在"阈值"对话框中按住<Alt>键，此时"取消"按钮将变为"复位"按钮，单击"复位"按钮可恢复到最初的默认阈值。

四、特殊色调调整

调整图像的特殊色调命令包括反相、色调均化、色调分离和匹配颜色4个。

1. 反相

利用反相命令调整图像时不弹出任何对话框，但是该命令可将图像的色彩反相，从而转化为负片，或将负片还原为图像。打开一幅图像，选择"图像"—"调整"—"反相"命令，系统会自动将图像的色彩反转，而且不会丢失图像的颜色信息，效果如图5-95（a）、（b）所示。当再次使用该命令时，图像即会还原到原来的颜色状态。

(a) 原图　　　　　　　　　　　　　　(b) 反相效果

图5-95　反相设置

2. 色调均化

色调均化命令是通过将图像中最亮的像素变成白色，将最暗的像素变成黑色，其余的像素映射到相应的灰度值上，使图像中的色彩平均分布，由此还可提高图像的对比度和亮度。

打开一幅图像，选择"图像"—"调整"—"色调均化"命令，系统将自动调整图像，效果如图5-96（a）、（b）所示。

(a) 原图   (b) 色调均化效果

图5-96　色调均化设置

另外，使用"色调均化"命令对图像中的某一部分选区内的图像进行调整时，会弹出"色调均化"对话框，如图5-97所示。

图5-97　"色调均化"对话框

仅色调均化所选区域：选择该项，该命令只对选取范围内的图像起作用。

基于所选区域色调均化整个图像：选择该项，该命令就以选取范围内的图像最亮和最暗的像素为基准使整幅图像的色调平均化。

3. 色调分离

利用色调分离命令可指定图像中每个通道色调级的数目或亮度值，然后将这些像素映射在最接近的匹配色调上，减少并分离图像的色调。选择"图像"—"调整"—"色调分离"命令，弹出"色调分离"对话框，如图5-98所示。

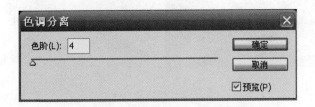

图5-98　"色调分离"对话框

在对话框中的"色阶"文本框中输入色阶数值，系统将会按指定的色阶数对图像进行色调分离。打开一幅图像，选择"色调分离"命令，然后在弹出的"色调分离"对话框中进行适当的设置，其效果如图5-99（a）、（b）所示。

技巧：对灰度图像应用"色调分离"命令能产生比较显著的艺术效果。

(a) 原图   (b) 色调分离效果

图5-99　色调分离设置

4. 匹配颜色

利用匹配颜色命令能够使一幅图像的色调与另一幅图像的色调自动匹配，这样就可以使不同图片拼合时达到色调统一，或者对照其他图像的色调修改自己的图像色调。选择"图像"—"调整"—"匹配颜色"命令，弹出"匹配颜色"对话框，如图5-100所示。

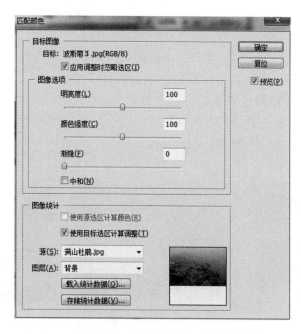

图5-100　"匹配颜色"对话框

目标：显示了目标图像的名称和颜色模式等信息。

应用调整时忽略选区：如果当前图像中包含选区，勾选该项可忽略目标图像中的选区，并将调整应用于整个目标图像，如图5-101（a）、（b）所示。

(a) 未勾选　　　　　　　　　　　　　　　(b) 勾选

图5-101　应用时忽略选区

亮度：可增加或减小目标图像的亮度。

颜色强度：用来调整目标图像的色彩饱和度。该值为1时，可生成灰度图像。

渐隐：可控制应用于图像的调整量，该值越高，调整的强度越弱。

中和：勾选该项可消除图像中的色彩偏差。

使用源选区计算颜色：如果在源图像中创建了选区，勾选该项，可使用选区中的图像匹配颜色；取消勾选，则会使用图像进行匹配。

使用目标选区计算调整：如果在源图像中创建了选区，勾选该项，可使用选区中的图像匹配亮度和颜色强度；取消勾选，则会使用整幅图像进行匹配。

源：可选择要将颜色与目标图像中的颜色相匹配的源图像。

图层：用来选择需要颜色的图层。如果要将"匹配颜色"命令应用于目标图像中的特定图层，应确保在执行"匹配颜色"命令时该图层处于当前选择状态。

存储统计数据/载入统计数据：单击"存储统计数据"按钮，将当前的设置保存；单击"载入统计数据"按钮，可载入已存储的设置。使用载入的统计数据时，无需在Photoshop中打开源图像，就可以完成匹配当前目标图像的操作。

打开两幅图像，单击目标图像，将它设置为当前文件，选择"图像"—"调整"—"匹配颜色"命令，然后在弹出的"匹配颜色"对话框中"源"下拉列表中选择源图像，其效果如图5-102（a）~（c）所示。

(a) 目标图像　　　　　　　　(b) 源图像　　　　　　　　(c) 匹配颜色效果图

图5-102　匹配颜色效果

Photoshop图形图像处理技术项目化教程

项目小结

通过对一款水晶质感相框的制作，根据客户要求调整和修改素材图片的色彩，围绕"图像"—"调整"的色阶、曲线、色彩平衡、亮度饱和度等命令，进行色调调整、色彩调整、特殊色调调整等操作，实现图像色彩和色调的控制，它直接关系到图像最后的效果，只有有效地控制图像的色彩和色调，才能制作出高品质的图像，这也是制作复杂图像必须掌握的知识。

课外项目

1.调整自己的生活照相片，进行偏色修改。
2.利用自己的生活照相片，制作数码写真效果图。

通　道

第6单元

项目　利用通道技术制作墙贴和头像特写艺术作品

任务描述

博爱学校七年级三班班主任李老师想在课室的后墙上贴上"天道酬勤"四个字的墙贴，用以激励同学们奋发向上的精神。周末，她找到星艺广告制作有限公司，星艺广告制作有限公司设计部的小刘，认真听取了李老师的意向，决定为他设计四个镀金大字。

做模特的玛丽也在星艺广告制作有限公司拍摄了一套艺术照，其中有一张脸部特写的照片，背景颜色太单调，公司设计师小刘为她重新设计了这张照片的背景

任务分析

完成项目中的作品，利用Photoshop通道技术，结合图像调整和滤镜技术，就可以满足任务的要求。

知识要点

在Photoshop通道中，颜色通道存储颜色，Alpha通道存储选择区域，通道操作是不可能对图像本身产生任何效果的，必须同其他工具结合，如蒙版工具、选区工具和绘图工具（其中蒙版是最重要的），如果要想做出一些特殊的效果，还需要配合滤镜特效、调整图像颜色来一起操作。

任务一　制作墙贴"天道酬勤"

1. 输入文字"天道酬勤"，并进行调整位置与距离

（1）新建名称为"天道酬勤"，宽度为800像素，高度为200像素，背景为黑色的画布。

（2）单击"文字编辑工具"，设置字体为黑体，字号为120，在画布上输入文字"天道酬勤"。

（3）通过按下<Ctrl+A>键选择文本，按住<Alt>键配合方向键的使用，点按向左或向右调整字间距，使用移动工具将文本移动到画布的中央位置。

（4）按住<Ctrl>键，鼠标单击图层面板的文本图层，得到文字的选区。

（5）单击图层面板下方"创建新的图层" 按钮，得到一个新的图层"图层1"，如图6-1所示。

图6-1　新建图层

（6）单击"编辑"—"填充"命令，打开如图6-2所示的"填充"对话框，设置"使用"栏为"50%灰色"进行填充。

图6-2　"填充"对话框

2. 创建Alpha通道

单击"选择"—"存储选区"命令，将选区存储为通道，生成新的通道"Alpha 1"，如图6-3所示。

图6-3　生成新的通道Alpha 1

3. 对通道"Alpha 1"执行"高斯模糊"，再对其进行"渲染"

（1）单击选中"Alpha 1"通道，按<Ctrl+D>键取消选区，然后对通道"Alpha 1"执行"滤镜"—"模糊"—"高斯模糊"命令，如图6-4所示。

图6-4　给文字添加模糊特效

（2）单击RGB通道，再返回"图层1"，执行"滤镜"—"渲染"—"光照效果"命令，设置光照效果参数如图6-5所示。观察预览框里的图像，预览图中椭圆形状供参考，通过在"光照类型"与"属性"栏中进行参数设置，调整光线形状；在纹理通道栏中选"Alpha 1"，其他选项保持默认，单击确定。

4. 利用"曲线"与"色相\饱和度"对色彩进行调整

（1）执行"图像"—"调整"—"曲线"命令，调整曲线形状如图6-6所示。

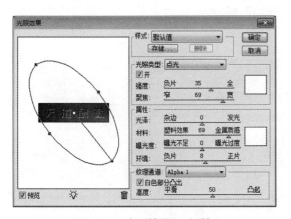

图6-5　"光照效果"对话框

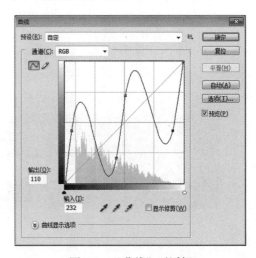

图6-6　"曲线"对话框

（2）打开"色相\饱和度"对话框，如图6-7A所示，勾选着色复选框，进行参数设置，得到最后效果如图6-7所示。

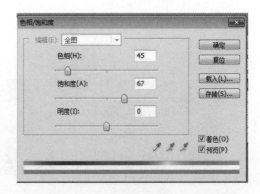

图6-7A　"色相\饱和度"对话框

图6-7　效果图

任务二　制作模特脸部特写艺术照

1. 复制通道

（1）执行"文件"—"打开"命令，打开"第6单元素材\素材6-3.jpg"图片，如图6-8所示。

（2）打开通道面板，分别点选红、绿、蓝三个单色通道，观察其效果，选择人物头发与背景反差最大的通道，在这幅图像中，选择蓝通道，如图6-9所示。

图6-8　素材图

图6-9　查看通道效果并选择红通道

（3）拖动红通道到通道面板下方的新建按钮 上，复制出一个"蓝副本通道"，如图6-10所示。这样操作的原因，是希望在图形处理的过程中，尽量不破坏源文件。

图6-10　复制通道

2.调整图像色阶，反相图像

（1）点击"图像"—"调整"—"色阶"，点击"色阶"按钮，适当调整"蓝副本通道"的色阶，使其黑白对比更明显，如图6-11所示。

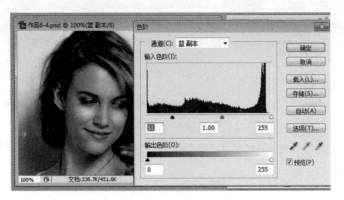

图6-11　调整通道的色阶

（2）单击"图像"—"调整"—"反相"命令，使图像中的黑白互换，就像黑白胶片一样，如图6-12所示。

图6-12　使用"反相"命令

3.将人物部分涂成白色，其他涂成黑色

（1）设置前景色为白色，使用"画笔工具"，将面部及身体都涂成白色；设置前景色为黑色，使用"画笔工具"，将其他非身体都涂成黑色，如图6-13所示。

图6-13　用画笔涂抹大片白色

（2）按住<Ctrl>键单击"蓝副本"通道，得到图像的选区，然后执行反向选择命令，或按住<Ctrl+Shift+I>快捷键，设置背景为选区，将背景色设为黑色，并按<Ctrl+Delete>键填充，如果一次不行，可以重复填充多次，效果如图6-14所示。

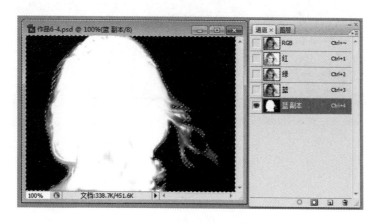

图6-14　用黑色填充背景

4. 选取人物，更换背景

（1）按住<Ctrl>键单击"蓝副本"通道，得到图像的选区。关闭"蓝副本"通道前面的显示按钮 ，打开"RGB"通道前面的显示按钮 。

（2）回到图层面板，按快捷键<Ctrl+J>复制选择图层得到"图层1"，可以看到图像被提取到了"图层1"中，如图6-15所示。

图6-15　完成抠像

（3）打开素材图片"素材6-2.jpg"，将图像移动到图层1与背景图层之间的图层2。按快捷键<Ctrl+T>，调整图层2的图片大小与位置。最后图像效果如图6-16所示。

（4）点击"文件"—"存储为"命令，在打开的对话框中，保存图片。

图6-16　效果图

知识提示

通道是图像的组成部分，与图像的格式关系密切。图像的颜色、格式决定了通道的模式和数量。通道是Photoshop进行图像处理过程中的重点与难点。能不能熟练掌握"通道"的操作方法与技巧，能不能在实践操作中适当应用通道技术是成为PS高手的重要标志之一。

一、通道基础知识

通道的概念，便是由遮板演变而来的，也可以说通道就是选区。在通道中，以白色代替透明表示要处理的部分（选择区域）；以黑色表示不需处理的部分（非选择区域）。因此，通道也与遮板一样，没有其独立的意义，而只有在依附于其他图像（或模型）存在时，才能体现其功用。而通道与遮板的最大区别，也是通道最大的优越之处，在于通道可以完全由计算机来进行处理，也就是说，它是完全数字化的。

1. 通道的概念

在Photoshop中，通道就如同一个仓库，用来存放图像的颜色信息。当打开或新建一幅图像时，Photoshop自动创建颜色信息通道，而图像的颜色模式决定了颜色通道的数目。例如：RGB图像模式有红色、绿色、蓝色三个通道，而CMYK图像模式有青色、洋红色、黄色、黑色四个通道，如图6-17、图6-18所示。

图6-17　RGB模式的图片通道信息

图6-18　CMYK模式的图片通道信息

除了颜色信息通道外，Photoshop还提供了专色通道和Alpha通道。在Photoshop中，通道可以用于存放选区，利用Alpha通道还可以创建和存储蒙版，如图6-19、图6-20所示，这样可以使用户很方便地操作和保护图像的特定部分。

图6-19　用来存储选区的Alpha通道

图6-20　图层蒙版通道

一幅图像最多可以创建24个通道，通道所占文件大小由通道中的图像信息决定。某些文件格式将压缩通道信息以节约空间，例如：TIFF和PSD文件格式。尽管如此，使用通道依然会增加文件的大小。所以，在图像处理过程中不要随意使用通道，要根据实际需要灵活地加以应用。

2. Photoshop通道的工具操作

单纯的通道操作是不可能对图像本身产生任何效果的，必须同其他工具结合，如蒙版工具、选区工具和绘图工具（其中蒙版是最重要的），当然要想做出一些特殊的效果的话就需要配合滤镜特效、图像调整颜色来一起操作。各种情况比较复杂，需要根据目的的不同做相应处理，但你尽可试一下，总会有收获的！

（1）利用选区工具。Photoshop中的选区工具包括遮罩工具、套索工具、魔术棒、字体遮罩以及由路径转换选区等，利用这些工具在通道中进行编辑等同于对一个图像的操作。

（2）利用绘图工具。绘图工具包括喷枪、画笔、铅笔、图章、橡皮擦、渐变、油漆桶、模糊锐化和涂抹、加深减淡和海绵等工具。利用绘图工具编辑通道的一个优势在于你可以精确地控制笔触，从而可以得到更为柔和以及足够复杂的边缘。这里要提一下的是渐变工具。因为这个工具特别容易被人忽视，但相对于通道是特别得有用。它是我所知道的Photoshop中严格意义上的一次可以涂画多种颜色而且包含平滑过渡的绘画工具，针对于通道而言，也就是带来了平滑细腻的渐变。

（3）利用图像调整工具。调整工具包括色阶和曲线调整。当你选中希望调整的通道时，按住<shift>键，再单击另一个通道，最后打开图像中的复合通道。这样你就可以强制这些工具同时作用于一个通道。对于编辑通道来说，这当然是有用的，但实际上并不常用，因为你大可以建立调整图层而不必破坏最原始的信息。

（4）利用滤镜特性。在通道中进行滤镜操作，通常是在有不同灰度的情况下；而运用滤镜的原因，通常是因为我们刻意追求一种出乎意料的效果或者只是为了控制边缘。原则上讲，你可以在通道中运用任何一个滤镜去试验，大部分人在运用滤镜操作通道时通常有着较为明确的愿望，比如锐化或者虚化边缘，从而建立更适合的选区。

二、通道面板

在Photoshop通道中，记录了图像的颜色信息，这些信息从始至终与用户的操作密切相关。而对于这些信息的处理，主要是通过"通道"面板来进行的，下面我们来认识一下通道面板。如图6-21所示，通道面板中列出了当前图像中的所有通道及各选项按钮的功能，其中位于面板下方的功能按钮名称与作用如下。

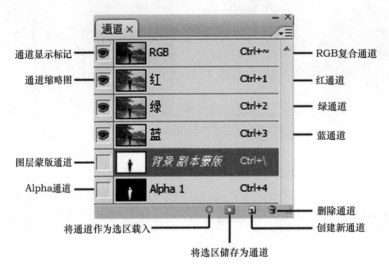

图6-21　通道面板

（1）"将通道作为选区载入"按钮：单击该项按钮，可以将当前通道作为选区载入。

（2）"将选区储存为通道"按钮：单击该项按钮，可以在通道面板中，将当前所在的选区存储为一个Alpha通道。

（3）"创建新通道"按钮：单击该项按钮，可以建立一个新Alpha通道。

（4）"删除通道"按钮：单击该项按钮，可以删除当前通道，但是不能删除RGB主通道。

三、通道的基础操作

1. 通道的创建

打开一张图片，点击"通道"面板，可以看到用原色显示的各个通道。如果工作窗口没有显示"通道"面板，可以执行"窗口"—"通道"命令，使其成为可见状态。

单击通道面板下方"创建新通道" 📄 按钮，即可新建一个通道，在面板上显示为Alpha通道，同时画面呈黑色显示。

也可以通过单击通道面板右上方小三角，选择"新建通道"菜单命令，弹出"新建通道"对话框，如图6-22所示。在对话框中进行名称输入和参数设置之后，点击"确定"按钮，即可创建一个新的通道，同时在"通道"面板中也会显示出这个新建的通道名称。

图6-22　新建通道

2. 通道的显示与隐藏

在图像处理过程中，有时根据需要，要把某些通道隐藏起来。对于"通道"面板中需要隐藏的通道，可以通过点击其前侧的"显示与隐藏"按钮来决定该通道的颜色信息是可见的还是不可见的。当通道前端 ![eye] 图标消失，即可在图像中隐藏该通道的颜色信息。如图6-23、图6-24所示，分别显示原始图像和仅显示"红色"通道之后图像的对比效果。

图6-23　原始图像效果　　　　　　图6-24　仅显示"红色"通道的图像效果

3. 通道的复制

图像处理过程中，在保存一个选区范围之后，对该选区范围（即通道中的蒙版）进行编辑时，通常要先将该通道的内容复制后再编辑，以免编辑后不能还原。复制通道的操作与复制图层的操作大致相同。

此外，还可以在"通道"面板中选择需要复制的通道，单击"通道"面板右侧的三角形按钮，在弹出的面板菜单中选择"复制通道"选项，弹出"复制通道"对话框，如图6-25所示，单击"确定"按钮，即可完成复制操作。

4. 通道的分离与合并

（1）分离通道。分离通道是指将图像的通道分离出来得到多个单独的灰度图像。分离通道的方法是单击"通道"面板右上方小三角按钮，在弹出的面板菜单中选择"分离通道"命令，即可将原始图像分离成多个独立的图像，而每一个图像对应一个新的通道，如图6-26所示。分离后的各个文件都将以单独的窗口显示在屏幕上，具有相同的像素尺寸且均为灰度图，其文件名为原文件的名称加上通道名称的缩写。

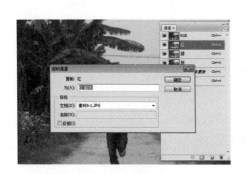

图6-25　复制通道　　　　　　图6-26　分离通道

（2）合并通道。在Photoshop中，用户可以将多幅灰度图像合并成一幅彩色图像，也可以使用灰度扫描仪通过红色滤镜、绿色滤镜和蓝色滤镜扫描彩色图像，从而生成红色、绿色和蓝色的图像。这样用户就可以通过Photoshop中的"合并"功能将单独的灰度扫描图像合成一幅彩色图像。

用户要特别注意：要合并的图像必须是"灰度"模式，具有相同的像素尺寸并且处于打开状态，如果图像大小不同，可以通过Photoshop中"图像大小"命令将它们改为相同图像大小的文件。

在Photoshop中打开的灰度图像的数量决定合并通道时可用的颜色模式。比如：不能将RGB图像中分离的通道合并到CMYK图像中，这是因为CMYK需要4个通道，而RGB只需要3个通道。但是，可以将CMYK图像中分离的通道合并到RGB图像中。因为，CMYK分离出4个通道，而RGB只需要3个通道，在合并时只要选择其中任意3个即可。

对于分离出来的通道，可以通过合并通道命令来还原图像。例如在RGB色彩模式下使用分离通道命令后得到3个独立的灰度图像，单击通道面板右上方小三角，选择"合并通道"命令，弹出"合并通道"对话框，如图6-27所示。

当选择"RGB颜色"模式之后，单击"确定"按钮，弹出如图6-28所示的"合并RGB通道"对话框，单击"确定"按钮，即合并通道。只要再次以RGB颜色合并，合并命令对话框会自动指定合并通道后文件的红、绿、蓝通道为旧文件的红、绿、蓝通道，完成合并后就得到了分离通道之前的图像。

图6-27 "合并通道"对话框

图6-28 "合并RGB通道"对话框

对一幅图像进行分离通道操作后，用户在合并时也可以改变合并通道的顺序，选择不同的合并顺序就会有不同的图像效果。也可以对多个通道进行编辑修改，再进行合并，这样可以获得一些特殊的加工效果，产生一个新的图像。

5.通道的删除

在前面已经介绍过，通道在一定程度上要占用一定的文件大小，所以用户在设计完成后，为了尽量减少文件的大小，需要将不必要的通道进行删除。通道的删除方法与图层的删除方法一样。

可以利用鼠标左键选中要删除的通道，将其拖动到面板下方"删除通道" 🗑 按钮上，此时将弹出一个提示框，单击"是"按钮，即可删除所选择的通道。

同时也可以利用鼠标右键单击要删除的通道，弹出下拉菜单，选择"删除通道"子菜单，即可删除本通道。

需要注意的是，如果删除的不是Alpha通道，而是颜色通道，则图像将转为多通道颜色模式，图像颜色也将发生变化，如图6-29、图6-30所示，分别显示原始图像和删除"蓝色"通道之后图像的对比效果。

图6-29　原始图像效果

图6-30　删除"蓝色"通道的图像效果

6. 创建通道的选区

利用图像的通道，实现图像颜色的复原。

执行"文件"—"打开"命令，打开素材图片，文件存放在：第6单元素材\素材6-2.jpg，如图6-31所示。

（1）创建红色通道选区：调出该图片的通道面板，并选择红通道，图像显示的色彩发生变化，单击通道面板下方"将通道作为选区载入"○按钮，得到红通道的选区，如图6-32所示。回到图层面板，新建"图层1"，选择设置前景色为纯红色（255，0，0），然后填充选区如图6-33所示。

图6-31　素材图

图6-32　载入红通道的选区

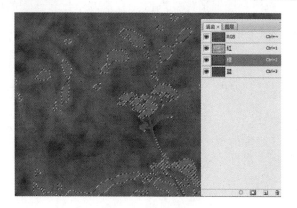
图6-33　填充选区

（2）创建绿色通道选区：关闭"图层1"前面的显示 ◉ 按钮，回到背景图层，创建绿色通道的选区并填充纯绿色（0，255，0），如图6-34所示。

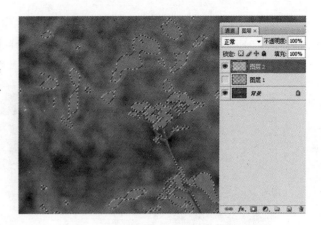

图6-34　载入绿通道的选区并填充选区

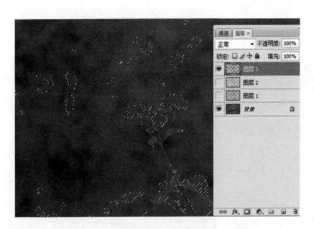

图6-35　载入蓝通道的选区并填充选区

（3）创建蓝色通道选区：按照上述方法创建蓝色通道的选区并填充纯蓝色（0，0，255），如图6-35所示。

项目小结

通过对"天道酬勤墙贴""模特脸部特写"两个任务的完成，我们学习了如何建立新通道，如何删除通道，如何利用通道建立选区。在这两个比较典型的项目里，我们先对通道的理解，再对图像的通道进行各种操作，这样我们可以掌握对通道的基本操作。

课外项目

1.制作一张电影大片宣传海报。
2.以"水源"为主题，设计一张公益宣传画。

文字编辑工具

第7单元

项目 | 房地产广告海报设计

任务描述

为"骄阳地产"设计一幅商业海报的封面图，要求既要突出该楼盘的结构艺术，又能传达"骄阳地产"的各类信息。

任务分析

要完成"房地产广告海报设计"的项目，重点完成下列任务：

（1）启动Photoshop图像处理软件，新建文件，认识文字工具属性。

（2）输入文字，调节文字大小，沿路径编辑文字。

知识要点

文字的运用是平面设计中非常重要的一部分，在实际操作过程中，很多作品需要文字来说明主题，通过输入特殊排列形式的文字来衬托整个画面。Photoshop可以输入、编排、修饰文字及段落，并对其进行排版工作。此外，在Photoshop中，还可以对文字对象进行艺术化处理，从而得到极佳的文字视觉效果。

任务一　新建Photoshop图像文件，认识文字工具属性

（1）执行"文件"—"新建"命令，打开"新建文件"对话框。命名为"骄阳地产"，宽度为600像素，高度为830像素，分辨率为72像素/英寸，颜色模式为RGB颜色、8位，背景色为白色。单击"确定"按钮，新建一个文件。

（2）在工具箱中选择"渐变工具" ，选择工具属性栏中"径向渐变" 按钮，单击"渐变编辑器"按钮，弹出"渐变编辑器"对话框，设置渐变颜色从左向右依次为"#64ff00"、"#95f702"、"#277d00"，如图7-1所示，单击"确定"按钮。

（3）在画布中，按住鼠标左键从中间向外拖动，给背景填充渐变颜色，背景效果和"图层"面板如图7-2所示。

图7-1　"渐变编辑器"对话框　　　　　　图7-2　填充渐变颜色后效果

任务二　输入文字，沿路径编辑文字

（1）选择工具箱中的"横排文字工具" ，在工具属性栏中设置文字字体为"黑体"，字号为31点，文字颜色为黄色，在画布中输入广告词，如图7-3所示。

（2）选择文字"鉴赏"，改变字体为"行书"原色为白色，字号为55点，如图7-4所示。

图7-3　输入文字后效果　　　　　　图7-4　背景层和文字层对齐后效果

（3）根据步骤4和步骤5制作其他文字部分，如图7-5所示。

（4）打开素材图片"房屋造型.psd"文件，文件存放在：第8章文字编辑工具\素材\7-6房屋造型.psd，如图7-6所示。

图7-5　顶部文字完成效果

图7-6　素材图片

（5）将选区的图像复制粘贴到"骄阳地产.psd"文件中，为图层重新命名"房屋造型"，按快捷键<Ctrl+T>，对图像大小和位置进行调整，得到如图7-7所示的效果。

（6）选择"房屋造型"图层，单击图层样式"投影"，设置如图7-8所示，得到如图7-9效果。

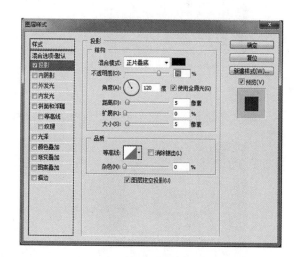

图7-7　导入素材后效果

图7-8　"图层样式"对话框

选择工具箱中的"矩形工具"，再按住<Shift+Alt>键画出正方形，并进行"编辑"—"变换路径"—"旋转"，旋转45°。将路径移到房屋造型中间空白的地方并调整大小，如图7-10所示。

图7-9 添加投影后的状态

图7-10 绘制路径

在路径中单击一下（不要单击路径线），得到一个文本插入点，如图7-11所示。

直接在插入点后面输入文字，即可得到所需要的效果，如图7-12所示，确认文字输入并隐藏路径后效果如图7-13所示。

图7-11 插入光标后效果

图7-12 路径文字轮廓效果

（7）输入下面的文字和图形，得到如图7-14所示的最终效果。

图7-13 确认文字效果

图7-14 最终效果

知识提示

在Photoshop中创建文本，必须使用工具箱中的文字工具。从如图7-15所示的4种文字工具中选择其中一种，创建符合自己需要的文本对象。

图7-15 文字工具

1. 文字工具的属性及其设置

文字工具组中各工具的属性栏是相同的，如图7-16所示，其选项名称及功能如下：

图7-16 文字工具属性栏

①"更改文本方向"按钮 ：单击此按钮，将当前水平方向的文字转换为垂直方向，或将垂直方向的文字转换为水平方向。

②"字体"选项：设置输入文字字体，也可以在下拉列表框中重新设置字体类型。

③"字体样式"选项：设置输入文字使用的字体形态。主要包括"Regular"规则、"Italic"（斜体）、"Bold"（粗体）和"Bold Italic"（粗斜体）4种选项。只有选择英文字体时，此命令才可用，但不同的字体显示的命令也各不相同。

④"字体大小"选项：设置输入文字的字体大小。

⑤"消除锯齿"选项：设置文本边缘的平滑程度，包括"无""锐利""犀利""浑厚"和"平滑"5种方式。

⑥"对齐方式"选项：选择的文本工具不同，显示的对齐按钮也不同。分别为"左对齐""水平中心对齐""右对齐""顶部对齐""垂者中心对齐"和"底对齐"。

⑦"文字颜色"选项：设置输入文字的颜色。单击此颜色色块，可以在弹出的"拾色器"对话框中设置所选择文字的颜色。

⑧"变形文本"按钮 ：设置文字的变形效果。

⑨"切换字符和段落面板"按钮 ：单击此按钮，会弹出"字符"和"段落"面板，主要用来对输入的文字进行精确的编辑。

⑩"取消所有当前编辑"按钮 ：单击此按钮，将取消对文字的创建或修改操作。

⑪"提交所有当前编辑"按钮 ：单击此按钮，将确认对文字的创建或修改操作。

2.文字面板

文字面板包括"字符"面板和"段落"面板，主要功能是格式化文字或段落。"字符"面板主要是用来编辑字符，而"段落"面板主要是用来编辑段落。

（1）字符面板属性设置。在Photoshop中，可以通过"字符"面板精确地控制文字图层中的字符，包括字体、大小、颜色、行距、字距微调、字距调整、基线偏移及对齐等。文字的属性可以在输入字符之前设置，也可以在输入字符之后重新设置，以更改文字图层中所选字符的外观。

执行"窗口"—"字符"命令，或者单击文字工具属性栏中的 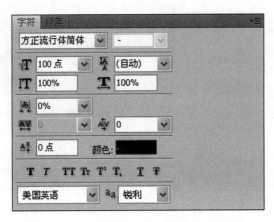 按钮，打开"字符"面板，如图7-17所示。

图7-17　文字工具

① "字体"选项：设置文字的字体。

② "字体样式"选项：设置文本的字型，包括"Regular"（规则的）"Italic"（斜体）"Bold"（粗体）和"Bold Italic"（粗斜体）4个选项。

③ "字体大小"选项：设置文本的字体大小。

④ "设置行距"选项：设置文本中行与行之间的距离。

⑤ "垂直缩放"选项：设置文字在高度方向的缩放比例。

⑥ "水平缩放"选项：设置文字在宽度方向上的缩放比例。

⑦ "字符比例缩放"选项：设置所选字符的缩放比例，可以在其右侧的下拉列表中选择"0%~100%"间的缩放数值。

⑧ "设置字距"选项：设置文本中字与字之间的距离。

⑨ "字符间距微调"选项：设置相邻两个字符间的距离，在此选项时不需要选择字符，只需在字符间单击即可在字符间距进行微调。

⑩ "基线偏移"选项：在默认高度基础上，设置文字向上或向下偏移的高度，在其右侧的文本框中输入正值，可以使横排文字上移，使直排文字右移；输入负值，可以使横排文字下移，使直排文字左移。

⑪ "颜色"选项：单击右侧的色块，在弹出的"拾色器"对话框中可设置所输入文字或选择文字的颜色。

⑫ "粗体"按钮 **T**：可以将当前选择的文字进行加粗设置。

⑬ "斜体"按钮 *T*：可以将当前选择的文字进行倾斜设置。

⑭ "全部大写"按钮 **TT**：可以将当前选择的小写字母变为大写字母。

⑮ "全部小型大写"按钮 **Tr**：可以将当前选择的字母变为小型大写字母。

⑯ "上标"按钮 **T¹** 和"下标"按钮 **T₁**：可以将当前选择的文字变为上标或下标。

⑰ "下划线"按钮 **T**：可以将当前选择的文字下方添加下划线。

⑱ "删除线"按钮 **F**：可以将当前选择的文字中间添加删除线。

⑲ "设置语言"选项：在其右侧的下拉列表框中选择不同国家的语言方式，按国别主

要包括美国、英国、法国、德国等。

⑳"消除锯齿"选项：设置文本图像边缘的平滑方式，包括"无""锐化""明晰""强"和"平滑"等五个选项。

（2）段落面板间距设置。"段落"面板中包括多项应用于整个段落的设置选项，例如对齐、缩进和段间距离等。对于点文字，每行是一个单独的段落。对于段落文字，一段可能有多行。

执行"窗口"—"段落"命令，打开"段落"面板，如图7-18所示。

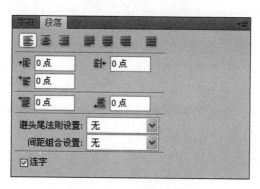

图7-18 "段落"面板

①"对齐方式"按钮：当选择横排段落文字时，![按钮] 按钮是调整段落中每一行的对齐方式，分别为"左对齐""中间对齐"和"右对齐"；![按钮] 按钮是调整段落最后一行的对齐方式，分别为"左对齐""中间对齐""右对齐"和"两端对齐"。当选择直排段落文字时，![按钮] 按钮是调整段落每一列的对齐方式，分别为"顶对齐""中间对齐"和"底对齐"；![按钮] 按钮是调整段落最后一列的对齐方式，分别为"顶对齐""中间对齐""底对齐"和"两端对齐"。

②"左缩进"选项 ![图标]：用于设置段落左侧的缩进量。

③"右缩进"选项 ![图标]：用于设置段落右侧的缩进量。

④"首行缩进"选项 ![图标]：用于设置段落第一行的缩进量。

⑤"段前添加空格"选项 ![图标]：用于设置每段文本与前一段的距离。

⑥"段后添加空格"选项 ![图标]：用于设置每段文本与后一行的距离。

⑦"避头尾法则设置"选项：确定日语文字中的换行。不能出现在一行的开头或结尾的字符称为避头尾字符。

⑧"间距组合设置"选项：用于编排日语字符的选择。

⑨"连字"选项：勾选此选项，允许使用连字符连接单词。

3. 文字图层的转换操作

在文字图层中编辑与调整类的工具、命令都无法使用，如果要对文字图层中文字进行调整或使用滤镜命令进行编辑，必须先将文字图层转换为普通图层，即栅格化文字图层。另外，还可以将文字转换为形状或生成工作路径进行编辑。

（1）文字栅格化。在Photoshop CS4中，某些命令和工具（如滤镜效果和绘画工具）不适用于文字图层。因此在应用这些命令之前必须将文字图层栅格化，即将其转换为普通图层。转换后，文字图层的文字转化为位图图像，可使用各种位图处理命令进行处理，但不可更改文字内容。

　　如果在文字图层没有栅格化之前选取了需要栅格化的命令或工具，会弹出如图7–19所示的警告面板。此时单击"确定"按钮，也可将该图层进行栅格化。

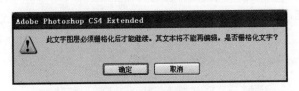

图7–19　警告面板

　　（2）将文字转换为路径。利用文字转换为工作路径命令可以将文字作为矢量形状处理，生成与文字外形相同的工作路径。创建的工作路径可以像其他路径那样存储和编辑，但不能作为文本进行编辑，而原文字图层保持不变并可继续进行编辑。

　　（3）将文字转换为形状。将文字转换为形状时，可以将文字转换为与其轮廓相同的形状，文字图层被替换为具有矢量蒙版的图层，可以编辑矢量蒙版并对图层应用样式，但是，无法在图层中将字符再作为文本进行编辑。

项目小结

　　通过对"房地产广告"的项目的制作，我们学习了文字的输入，更改文字大小、字体，并且能利用路径编辑文字，设计出独特的文字版面和造型。

课外项目

1. 制作一张时装设计宣传海报。
2. 以"生态"为主题，设计并制作一张公益宣传画。

文字特效制作

第8单元

项目 火焰字制作

任务描述

本项目是制作一张海报的文字效果，利用火焰的效果更好地突出文字和画面的内容。

任务分析

要完成"火焰字制作"的项目，重点完成下列任务：

（1）创建图像文件，输入文字，变换字体，调节文字大小。

（2）用滤镜工具和图层样式为文字制作特效。

知识要点

Photoshop通过添加图层样式、滤镜效果来制作出文字的特殊效果，使作品通过文字的特殊排列形式来衬托画面，突出主题。

任务一　创建文字图像文件，变换字体，调节文字大小

（1）执行"文件"—"新建"命令，打开"新建文件"对话框，大小调整为600×600，分辨率150，颜色模式为RGB颜色、8位，背景色为白色。单击"确定"按钮，新建一个文件，如图8-1所示。

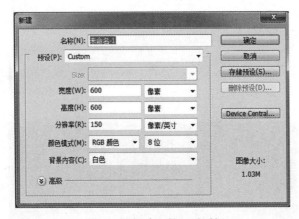

图8-1　"新建文件"对话框

（2）填充文档背景为黑色，在中央输入白色的文字，并复制一个文字层，如图8-2所示。

图8-2　输入文字，复制图层效果

任务二　用滤镜工具和图层样式为文字制作特效

（1）选中"cracks"层，按<Ctrl+E>键将"cracks"层和背景层合并，再执行"滤镜"—"风格化"—"风"给文字增加风效果（第一次风的方向选择"从右"，后面我们还要给文字增加"从左"的效果）。

（2）按"确定"后文字有一点风吹的感觉了，如图8-4所示。

图8-3　风效果调节窗口

图8-4　进行风格化处理后效果

为了加强风向效果的力度，重复按两次<Ctrl+F>键来重复应用风滤镜，如图8-5所示。

（3）再次给文字增加风效果（菜单：滤镜->风格化->风），这次我们选择方向为"从左"，如图8-6所示。

图8-5　重复进行风格化处理后效果

图8-6　风效果调节窗口

（4）增加完风效果后再重复按两次<Ctrl+F>键来重复应用风滤镜，完成后的文字效果，如图8-7所示。

图8-7　进行风格化处理后效果

（5）选择："菜单"—"图像"—"旋转画布"（90度顺时针），给文字增加上下风效果，如图8-8所示。

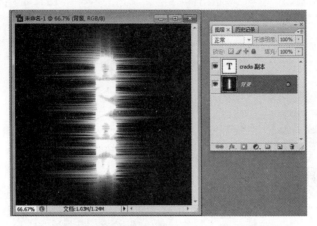

图8-8　旋转画布，给文字添加上下风效果

（6）最后将文字转回原方向，如图8-9所示。

图8-9　文字效果

执行"滤镜"—"模糊"—"高斯模糊"，参数设置如图8-10所示。

图8-10　执行滤镜高斯模糊效果

Photoshop图形图像处理技术项目化教程

选择菜单："图像"—"调整"—"渐变映射"，如图8-11所示。

图8-11　渐变映射设置

（7）单击渐变条编辑渐变色，调整颜色，设置4个色标的颜色值分别为：000000、FF6600、FFFF33、FFFFFF，确定后火焰效果基本呈现，如8-12图所示。

（8）选择文字图层，将文字颜色先设为黑色，再设置样式内阴影和内发光效果，如图8-13所示。

图8-12　调整颜色呈现火焰效果

图8-13　文字图层

（9）设置"内阴影"和"内发光"效果，参数如图8-14、图8-15所示，完成效果如图8-16所示。

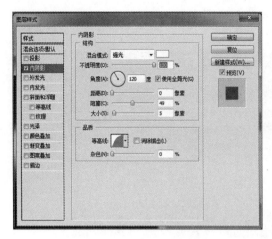
图8-14 内阴影参数设置

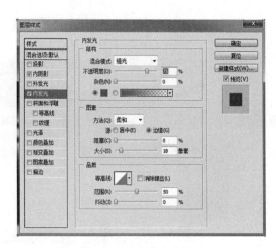
图8-15 内发光参数设置

图8-16 设置"内阴影"和"内发光"后文字效果

（10）新建一个图层，并将位置拖动到背景层的下面一层，隐藏文字图层和背景层，再设置前、背色为白、黑色，执行菜单："滤镜"—"渲染"—"云彩"，完成效果如图8-17所示。

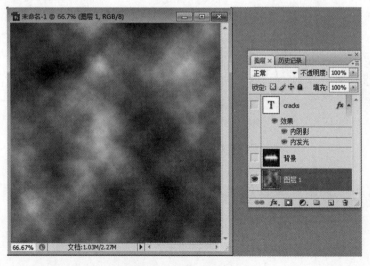
图8-17 增加云彩图层

（11）选择云彩图层，执行"滤镜"—"渲染"—"光照效果"，执行参数如图8-18所示，效果如图8-19所示。

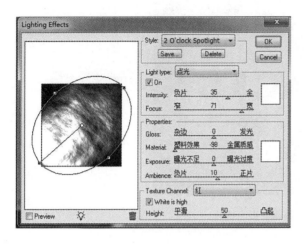

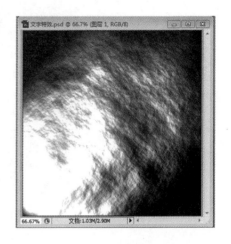

图8-18　光照效果参数设置　　　　　　　图8-19　设置光照效果后图片效果

（12）新建一个图层并拖动到云雾层的下面，并用红色（FF0000）填充，显示所有图层，再调整图层的混合模式如图8-20、图8-21所示。

图8-20　调整图层混合模式　　　　　　　图8-21　调整图层混合模式

使用裁剪工具截取需要的部分，将不需要的部分删除，得到最终效果如图8-22所示。

图8-22　调整图层混合模式

项目小结

通过对火焰字的制作，我们掌握了特效字体的制作方法，在以后的制作过程中，要综合利用文字工具、图层样式功能、滤镜特效等多种工具结合做出丰富多彩的文字效果。

知识提示

在制作特效文字时，可以综合应用图层样式和滤镜做出多种效果，除了本实例应用到的"风"之外，可以利用其他滤镜特效，通过不同的参数设置可以做出更丰富的效果，要多制作，多尝试，积累经验。

课外项目

结合文字工具、图层样式功能、滤镜，制作一幅彩色火焰字的效果图。

项目 | 爱心图标的制作

图9-1 爱心图标效果图

任务描述

管理学院学生服务分队与爱心超市计划在二食堂广场举办"爱心互换 温情你我"的奉献爱心主题活动。需要制作一个具有水晶质感的爱心图标，用于活动宣传画册中。

任务分析

要完成"爱心图标的制作"的项目，重点完成下列任务：

（1）制作出爱心图标的形状及立体效果。

（2）增强爱心图标的反光。

（3）整体效果的处理。

知识要点

路径是Photoshop的重要工具，主要用于图像选区，绘制光滑线条，定义画笔等工具的绘制轨迹，输入输出路径和选区之间的互相转换等。路径就是使用贝塞尔曲线所构成的一段闭合或开放的曲线段。如果把起点与终点重合就可以得到封闭的路径，路径也可以是不封闭的开放形状。路径主要使用钢笔工具组绘制，用路径选择工具进行调整，掌握好钢笔工具的运用才能随心所欲地绘制所需要的矢量图形。

任务一　制作出爱心图标的形状及立体效果

（1）打开Photoshop，新建画布（Ctrl+N），设置参数，如图9-2所示。

图9-2　新建文件

（2）点击"设置前景色"，选择颜色，设置参数，如图9-3（1）、图9-3（2）所示。

图9-3（1）

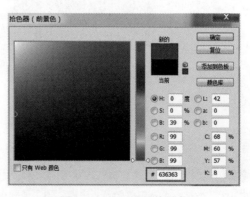

图9-3（2）　设置前景色

（3）选择油漆桶工具，将背景图层填充成前景色，如图9-4（1）、图9-4（2）所示。

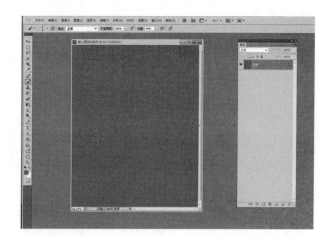

图9-4（1）　选择油漆桶工具　　　　　　图9-4（2）　油漆桶工具填充效果

（4）点击"创建新图层"，如图9-5所示。

图9-5　新建图层

（5）单击"自定形状工具"，选择爱心形状，如图9-6（1）、图9-6（2）所示。

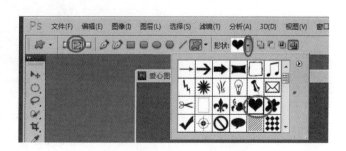

图9-6（1）　单击"自定形状工具"　　　　　图9-6（2）　选择爱心形状

（6）在图层1上绘制出爱心形状，如图9-7所示。

图9-7　绘制出爱心形状

（7）单击"窗口"—"路径"，调出路径面板，并单击"将路径作为选区载入"按钮，如图9-8（1）、图9-8（2）、图9-8（3）、图9-8（4）所示。

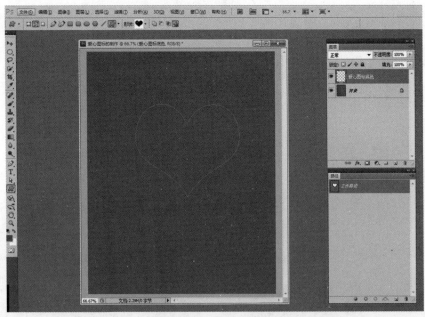

图9-8（1）　单击
"窗口"—"路径"

图9-8（2）　调出路径面板

图9-8（3）　"将路径作为选区载入"按钮　　　图9-8（4）　心形选区

（8）选择前景色，用"油漆桶工具"将选取填充，完成后取消选区（Ctrl+D），如图9-9（1）、图9-9（2）、图9-9（3）所示。

图9-9（1）　设置前景色

图9-9（3） 填充心形选区

图9-9（2） 选择油漆桶工具

（9）选择"渐变工具"，调整参数，如图9-10（1）、图9-10
（2）、图9-10（3）、图9-10（4）、图9-10（5）所示。

图9-10（1） 选择
"渐变工具"

图9-10（2） 设置渐变编辑器

图9-10（3） 选择径向渐变

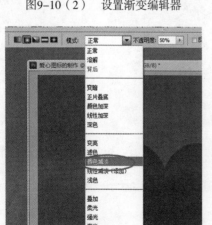

图9-10（4） 模式设置为颜色减淡

图9-10（5） 不透明度设置为50%

（10）将图层1命名为"爱心图标底色"，并将图层锁定，如图9-11所示。

图9-11　图层1命名为"爱心图标底色"

（11）由爱心图标的中心向外拉渐变，可重复多次，直到效果满意为止，如图9-12
（1）、图9-12（2）所示。

图9-12（1）　用渐变工具填充心形选区　　　　图9-12（2）　渐变工具填充效果

任务二　增强爱心图标的反光

（1）单击"路径"面板的"工作路径"，如图9-13所示。

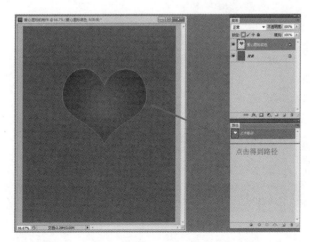

图9-13　单击"路径"面板的"工作路径"

（2）单击"编辑"—"自由变换路径"，如图9-14（1）、图9-14（2）所示。

图9-14（1）　单击"编辑"—"自由变换路径"　　　　图9-14（2）　　自由变换路径效果

（3）右击鼠标，选择"缩放"，按住<Alt>和<Shift>，点击自由变换选框的右上角，向内拉，完成后按回车键（Enter）确定，如图9-15（1）、图9-15（2）所示。

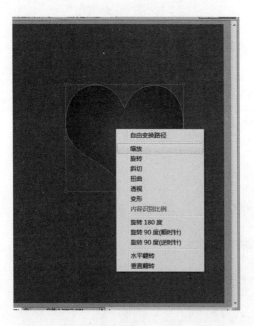

图9-15（1）　右击鼠标，选择"缩放"　　　　图9-15（2）　　按住Alt和Shift的缩放效果

Photoshop图形图像处理技术项目化教程

（4）新建一个图层，命名为"高光"，如图9-16所示。

（5）单击路径面板中的"将路径作为选区载入"按钮，将路径转变成选区，如图9-17（1）、图9-17（2）所示。

图9-16 新建一个图层，
命名为"高光"

图9-17（1） 单击路径面板中的
"将路径作为选区载入"按钮

（6）选择前景色，设置参数，如图9-18所示。

图9-17（2） 路径转变成选区

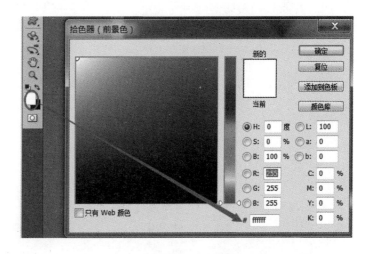

图9-18 设置前景色

（7）选择"渐变工具"，设置参数，如图9-19所示。

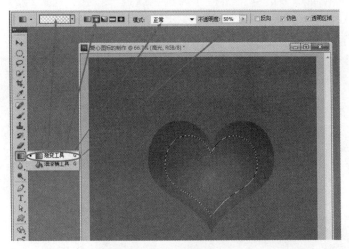

图9-19　设置"渐变工具"

（8）由选区的左上角向右下角拉渐变，可重复多次，直到效果满意为止，如图9-20（1）、图9-20（2）所示。

图9-20（1）　使用渐变工具

图9-20（2）　渐变填充效果

（9）选择"钢笔工具"，在爱心图标的中间绘制一条曲线，并使它闭合，如图9-21（1）、图9-21（2）、图9-21（3）所示。

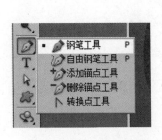

图9-21（1）　选择
"钢笔工具"

图9-21（2）　钢笔工具
绘制曲线1

图9-21（3）　钢笔工具
绘制曲线2

（10）单击路径面板中的"将路径作为选区载入"按钮，将路径转变成选区，如图9-22（1）、图9-22（2）所示。

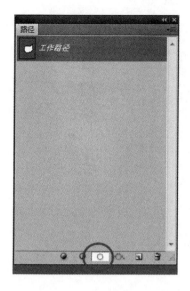

图9-22（1）　路径面板中的
"将路径作为选区载入"按钮

图9-22（2）　路径变成选区

（11）点击"选框工具"，右击鼠标，选择"通过拷贝的图层"，如图9-23（1）、图9-23（2）、图9-23（3）所示。

图9-23（1）　选框工具　　　　图9-23（2）　通过拷贝的图层　　　　图9-23（3）　生成新图层

（12）将图层1的不透明度调为70%，如图9-24所示。

图9-24　设置图层不透明度

（13）右击图层1，选择"向下合并"，如图9-25（1）、图9-25（2）所示。

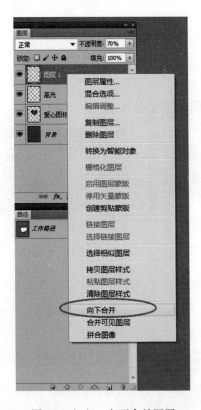

图9-25（1）　向下合并图层

图9-25（2）　心形效果图

Photoshop图形图像处理技术项目化教程

任务三　整体效果的处理

（1）选择"高光"图层，单击"编辑"—"自由变换"，如图9-26（1）、图9-26（2）所示。

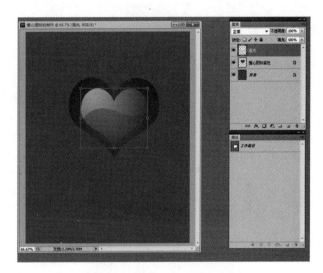

图9-26（1）　"编辑"—"自由变换"　　　　　　图9-26（2）　自由变换效果

（2）同时按<Alt+Shift>，根据需求调整内爱心的大小，完成后按回车键（Enter）确定，如图9-27（1）、图9-27（2）所示。

图9-27（1）　按Alt+Shift，根据　　　　　　图9-27（2）　调整后的爱心效果图
　　　　　需求调整内爱心的大小

右击"爱心图标底色"，选择"混合选项"，设置参数，如图9-28（1）、图9-28（2）、图9-28（3）所示。

图9-28（1）　右击"爱心图标底色"，
选择"混合选项"

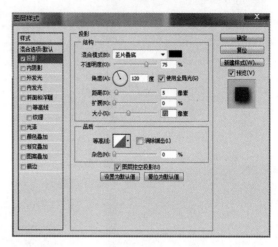

图9-28（2）　设置图层样式"投影"参数

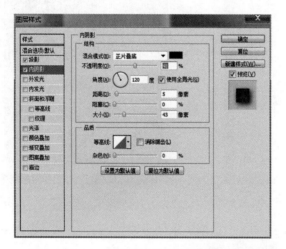

图9-28（3）　设置图层样式"内阴影"参数

最终完成效果，如图9-29所示。

图9-29　爱心图标效果图

一、认识路径

路径由一个或多个直线段和曲线段组成。如图9-30所示，路径中所标识的矩形小点称之为锚点，用于标记路径上线段的端点，其中，实心方形为选中的锚点显示，空心方形为未选中的锚点。锚点的两端或一端延伸出的直线称为方向线，其顶端为方向点。通过移动方向点的位置，可以调整曲线的长度和方向，即改变了对应路径的形状和平滑程度。

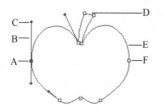

A. 选中的锚点
B. 方向线
C. 方向点
D. 直线段
E. 曲线段
F. 未选中的锚点

图9-30　路径构成图

路径中的锚点分为两种：一种是平滑点；另一种是角点。角点又分为无曲率角点和有曲率角点。平滑点两侧的曲线平滑过渡，而角点两侧的曲线或直线在角点处产生一个尖锐的角。平滑点和有曲率角点都有两条方向线，而无曲率的角点没有方向线，如图9-31所示。

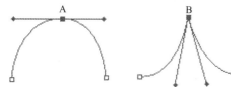

A. 平滑点
B. 有曲率角点
C. 无曲率角点

图9-31　平滑点和角点

当在平滑点上移动方向点时，将同时调整平滑点两侧的曲线段。相比之下，当在角点上移动方向点时，只调整与方向线同侧的曲线段。

路径可以是闭合的，没有起点或终点；也可以是开放的，有明显的终点，如图9-32所示。

图9-32　闭合路径与开放路径

二、路径面板的功能

执行"窗口"—"路径"命令，即可显示或隐藏路径面板。路径面板和图层面板一样，在路径列表框中列出了当前图像中的所有路径层，绘制好的路径曲线都显示在路径面板之中。在路径面板里，可以看到每条路径曲线的名称及其缩览图。

在"路径"面板的弹出式菜单中包含"存储路径""复制路径""删除路径""建立工作路径"等命令，为了方便起见，也可以单击面板下方的按钮来完成相应的操作，如图9-33所示。

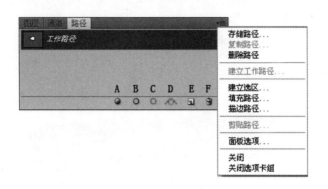

图9-33　路径面板

"路径"面板图标区，从左到右依次为：

A——用前景色填充路径（缩略图中的白色部分为路径的填充区域）

B——用画笔描边路径

C——将路径作为选区载入

D——从选区生成工作路径

E——创建新路径

F——删除当前路径

三、路径工具

路径工具包括路径编辑工具和路径选择工具。使用路径编辑工具创建路径，使用路径选择工具选择路径或调整路径上的锚点，从而编辑修改路径。

1. 路径编辑工具

路径编辑工具包括钢笔工具组和形状工具组。选择不同的工具，其属性栏的设置参数也各不相同。

"钢笔"工具属性栏可分为"绘制类型""路径编辑工具""自动添加/删除""运算方式""样式"和"颜色"等几部分，如图9-34所示。

图9-34　路径工具属性栏

2. 钢笔工具组

使用钢笔工具组可以创建并编辑路径或形状，该工具组中主要包括钢笔工具、自由钢笔工具、添加锚点工具、删除锚点工具和转换点工具，如图9-35所示。

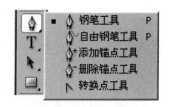

图9-35　钢笔工具组

（1）钢笔工具。钢笔工具可以绘制出由多个锚点连接而成的线段或曲线，其绘制的路径或图形平滑流畅且精确度高。选择钢笔工具，在菜单栏的下方可以看到钢笔工具的属性栏。钢笔工具有两种绘图类型按钮可供选择："形状图层"按钮 和"路径"按钮 ，选择不同的绘图类型按钮其属性栏也不相同，如图9-36（a）和图9-36（b）所示。

（a）创建新的形状图层属性栏

（b）创建新的工作路径属性栏

图9-36　钢笔工具属性栏

勾选"自动添加/删除"选项，钢笔工具就具有了添加锚点工具和删除锚点工具的功能。将光标放在路径上，当光标右下角出现一个小加号，此时单击鼠标，将会在单击处添加一个锚点，而将光标放在现有的锚点上单击时，该锚点将被删除。如果未勾选此项，可以通过鼠标右击路径上的某点，在弹出的菜单中选择添加锚点，也可以通过右击原有的锚点，在弹出的菜单中选择删除锚点来。

单击属性栏中路径编辑工具右侧的 按钮，会弹出如图9-37所示的"钢笔选项"面板，勾选面板上的"橡皮带"选项，在创建路径时，可以看到将要定义的锚点所形成的路径，这样在绘制的过程中会感觉比较直观。

图9-37　"钢笔"选项面板

选择钢笔工具在画布上连续单击可以绘制出折线，在确定锚点的同时拖曳鼠标，可绘制曲线路径。通过单击工具栏中的"钢笔"按钮结束绘制，也可以在按住<Ctrl>键的同时，在画布的任意位置单击结束绘制。如果在绘制路径时想随时添加或删除锚点，可选择属性栏中的"自动添加/删除"选项。如果要绘制闭合路径，最后将鼠标箭头靠近路径起点，当鼠标箭头旁边出现一个小圆圈时，单击鼠标左键即可。在创建路径时按住<Ctrl>键，可以将路径的角度限制为45度角的倍数。

使用钢笔工具绘制直线闭合路径示意图如图9-38所示。

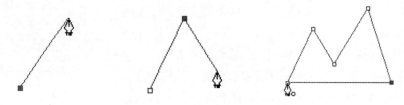

图9-38　绘制直线路径操作示意图

使用钢笔工具绘制闭合曲线路径示意图如图9-39所示。

图9-39　绘制曲线路径操作示意图

（2）自由钢笔工具。自由钢笔工具可用于随意绘图，就像用画笔在画布上画图一样自由绘制路径曲线，它是一种徒手绘制路径的工具，如图9-40所示。使用方法与套索工具类似。绘图时，将自动添加锚点，无需确定锚点的位置，完成路径后可进一步对其进行调整。自由钢笔工具结合磁性工具时就会根据图像像素的容差自动寻找物体边缘，类似磁性套索。

图9-40　自由钢笔工具属性栏

使用自由钢笔工具绘制路径的操作步骤如下：

1）在工具箱中选择"自由钢笔工具"　。

2）在图像文件中按住左键并拖曳鼠标，此时会有一条路径跟随光标移动，并自动生成锚点。

3）将光标移动到路径的起始点，光标的右下角会出现一个圆形的标志，此时单击鼠标，即可闭合路径。

4）在未闭合路径之前，按<Ctrl>键，释放鼠标左键后，可以直接在当前位置至路径起点生成直线线段闭合路径。

勾选"磁性的"选项后，自由钢笔工具沿着图形的边缘移动，锚点会自动添加，遇到图形比较尖锐的地方，无法捕捉的时候，可以手动单击来添加锚点，需要绘制直线时要提前按下<Alt>键。

（3）添加锚点工具和删除锚点工具。要添加锚点，选择"添加锚点工具" ✒，将光标放在要添加锚点的路径上，当光标变为 ✒ 图标时，单击左键即可在路径上添加一个锚点。如在单击的同时拖曳鼠标，可在路径的单击处添加锚点，并可以更改路径的形状，如图9-41所示。

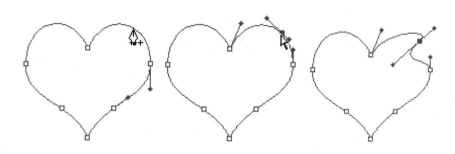

图9-41　添加锚点的示意图

要删除锚点，选择"删除锚点工具" ✒，将光标放在要删除锚点的路径上，当光标变为 ✒ 图标时，单击左键即可删除路径上的锚点。如在单击的同时拖曳鼠标，不仅可以删除锚点，还可以重新调整路径的形状，如图9-42所示。

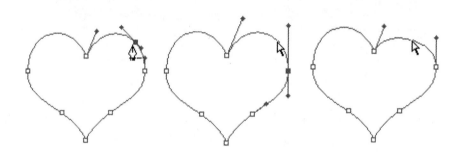

图9-42　删除锚点的示意图

（4）转换点工具。路径工具可以将一些不够精确的选择区域转换为路径，利用转换点工具 ⊾ 进行编辑和微调，然后在转换为选择区域上进行处理，常用于绘制精确图形。"转换点"工具可以使锚点在角点和平滑点之间进行转换。

平滑点转换为角点。使用转换点工具在平滑点上单击，可将平滑点转换为无曲率的角点。在平滑点两边方向线显示的情况下拖曳其中一条方向线，可使两条方向线断开，同时改变同侧路径的形态，另一侧路径形态不发生变化，如图9-43（a）所示。

角点转换为平滑点。使用转换点工具在角点上单击并向角点外拖曳鼠标，使锚点两侧出现方向线，如图9-43（b）所示。

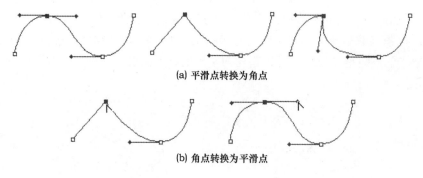

(a) 平滑点转换为角点

(b) 角点转换为平滑点

图9-43   "转换点"工具的操作

3. 形状工具组

使用形状工具组可以更方便地创建各种有规则的或特殊效果的形状，该工具组包括：矩形工具、圆角矩形工具、椭圆工具、多边形工具、直线工具和自定形状工具，如图9-44所示。

（1）矩形工具。每个形状都可以在选项栏中进行参数设置，含义大同小异，其中矩形工具的选项设置，将弹出如图9-45所示的"矩形选项"面板。

图9-44   形状工具组

图9-45   "矩形选项"面板

不受约束：点选此选项，在画布中按住鼠标左键拖曳可以绘制出任意长、宽的矩形。

方形：点选此选项，在画布中按住鼠标左键拖曳可以绘制出正方形。

固定大小：点选此选项，在其右侧的文本框中设置固定的长、宽数值，在画布中则只能绘制所设置大小的矩形。

比例：点选此选项，在其右侧的文本框中设置矩形的长、宽比例，在画布中按住鼠标左键拖曳，则只能绘制出所设置的长、宽比例的矩形。

从中心：点选此选项，在画布中以任何方式创建矩形，鼠标光标的起点即为矩形的中心。

对齐像素：点选此选项，矩形的边缘就会同像素的边缘对齐，使图像边缘不会出现锯齿效果。

（2）圆角矩形工具。圆角矩形工具用于绘制圆角矩形路径或形状。圆角矩形工具的属性栏与矩形工具的属性栏基本相同，只是多了"半径"一项，"半径"选项主要用来决定圆角矩形的平滑度参数，其取值范围为0~11000像素，数值越大，边角越圆滑。

（3）椭圆工具。椭圆工具用于绘制椭圆形路径或形状。单击属性栏中椭圆工具按钮旁边的 ▼ 按钮，将弹出如图9-46所示的"椭圆选项"面板。

选择"圆（绘制直径或半径）"单选按钮，可以绘制圆形。其他选项与矩形工具选项框的选项基本相似，在此不再赘述。

（4）多边形工具。多边形工具用于绘制多边形路径或形状。在多边形工具被选中的状态下，工具选项栏中会出现"边"选项，在此文本框中输入数值，可以控制多边形或星形的边数。单击属性栏中"自定义形状"按钮旁边的 ▼ 按钮，将弹出如图9-47所示"多边形选项"面板。

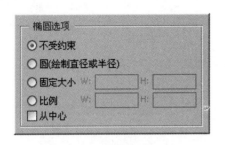

图9-46　"椭圆选项"面板

图9-47　"多边形选项"面板

"半径"选项：设置多边形或星形的半径长度，取值范围在0.035~15291.667厘米。输入相应的数值后，在画布中按住鼠标左键拖曳则绘制出固定大小的正多边形或星形。

"平滑拐角"选项：点选此选项，在画布中按住鼠标左键拖曳可以绘制圆角效果的正多边形或星形。

"星形"选项：点选此选项，在画布中按住鼠标左键拖曳可以绘制边向中心位置缩进的星形图形。

"缩进边依据"选项：勾选"星形"选项后此项才可设置，在其右侧的文本框中设置相应的参数，可以限定边缩进的程度，其取值范围为1%~99%，数值越大，缩进量越大。

"平滑缩进"选项：勾选"星形"选项后此项才可设置，设置此选项参数可以使星形的边平滑地向中心缩进。

（5）直线工具。直线工具用于绘制直线路径或形状。单击直线工具，属性栏中会出现"粗细"选项，在其右侧的文本框中设置相应的参数，可以设定绘制线段或箭头的粗细。单击属性栏中"自定形状"按钮旁边的 ▼ 按钮，将弹出如图7-24所示的"箭头"面板。

"起点"选项：点选此选项，在绘制线段时起点处将带有箭头。

"终点"选项：点选此选项，在绘制线段时终点处将带有箭头。

当"起点"和"终点"这两个选项同时勾选时，线段的起点和终点都将带有箭头，如图9-48所示。

"宽度"选项：在其右侧的文本框中设置相应的参数以决定箭头宽度与线段长度的百分比，其范围在10%~1000%。

"长度"选项：在其右侧的文本框中设置相应的参数以决定箭头长度与线段长度的百分比，其范围在10%~5000%。

"凹度"选项：在其右侧的文本框中设置相应的参数以决定箭

图9-48　"箭头"面板

头中央凹陷的程度。数值范围在–50%~+50%，值为正值时，箭头尾部向内凹陷；为负值时，箭头尾部向外凹陷；为"0%"时，箭头尾部平齐。

（6）自定形状工具。自定形状工具用于绘制各种形状的路径或形状。在自定形状工具属性栏中，单击属性栏中"自定形状"按钮旁边的 ▼ 按钮，将弹出如图9-49所示的"自定形状选项"面板。

"不受约束"选项：点选此选项，按住鼠标左键拖曳，可绘制出任意大小的形状。

"定义的比例"选项：点选此选项，在绘制自定义形状时将定义大小进行图形绘制。

"定义的大小"选项：点选此选项，在画布中按住鼠标左键拖曳，可以创建当前自定义大小的形状。

"固定大小"及"从中心"选项：这两个选项的用法与矩形工具这两个选项的用法相同，在此不再赘述。

另外，在自定义形状工具的属性栏中还有"形状"选项，单击此选项将弹出如图9-50所示的"形状列表"面板。

图9-49　"自定形状选项"面板

图9-50　"形状列表"面板

在面板中选取所需要的形状，然后在图像窗口中按住鼠标左键拖曳，即可绘制出相应的图形。在"形状列表"面板的右上角单击 ⊙ 按钮，可加载系统自带的其他自定形状。

（7）创建新形状。除了系统自带的形状外，还可以利用"编辑"菜单栏中的"定义自定形状"命令将绘制的形状图层或路径定义为形状。

图9-51　路径选择工具

四、路径选择工具

路径选取工具由路径选择工具和直接选择工具组成，主要用于路径的选择、移动和编辑，如图9-51所示。

1. 路径选择工具

使用路径选择工具，可以选择、移动路径或形状图层的形状到任意位置，也可以在一幅图像中或两个打开的图像文件之间拷贝，还可以对路径进行变换形态、对齐和分布等操作。

（1）路径选择工具属性栏。"路径选择"工具的属性栏如图9-52所示。

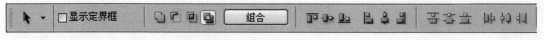

图9-52　"路径选择"工具属性栏

"显示定界框"选项：勾选此选项，在选择的路径周围将显示定界框，利用定界框可以对路径进行移动和变形操作，它与"移动"工具的定界框工作原理相同。

"运算方式"按钮：包括"相加"按钮、"相减"按钮、"相交"按钮和"反交"按钮，用来设置多个路径间的相加、相减、相交和反交运算。

对齐路径：Photoshop中提供了6种对齐方式："顶部"对齐、"垂直中心"对齐、"底部"对齐、"左"对齐、"水平中心"对齐和"右"对齐。

分布路径：Photoshop中提供了6种分布方式："顶部"、"垂直中心"、"左边缘"、"水平中心"、"右边缘"等距离分布。

（2）选择路径。选择路径的操作有以下3种方法：

使用"路径选择"工具，在要选择的路径上单击，当路径上的锚点全部显示为黑色时，表示路径被选择。

如果要选择多个路径，可以按住<Shift>键并单击其他的路径即可同时进行选择。

利用框选的方式，在要选择的路径周围按住左键拖曳鼠标，同样可以将选择框内包含的路径全部选择。

（3）移动路径。移动路径的操作分为以下3个步骤：

在工具箱中选择"路径选择"工具，将光标放到所要移动的路径上单击，则选择此路径。

按住鼠标左键拖曳路径到新的位置，即可移动路径。如果将路径的一部分移除画布边界，则隐藏的路径部分仍然可用。

按住<Shift>键的同时按住左键拖曳鼠标，可限制路径按45度角的倍数移动。选择与移动路径的操作如图9-53所示。

图9-53　选择与移动路径

（4）删除路径。使用"路径选择"工具在图像中选择要删除的路径，按<Backspace>或<Delete>键即可删除所选的路径。

2. 直接选择工具

直接选择工具可以用来移动路径中的锚点或线段的位置，也可以改变锚点的形态。

（1）选择路径锚点或线段。选择路径锚点或线段的几种方法：

直接在要选择的路径的锚点或线段上单击，即可选择相应的锚点和线段。

如果要选择多个锚点或线段，可以按住<Shift>键并单击其他的路径锚点或线段。

利用框选的方式，在要选择的路径锚点或线段周围拖曳鼠标，即可将选择框内所包含的路径锚点或线段选择。

按住<Alt>键在路径上单击可以选择整条路径。如果要在其他工具被选中的情况下使用"直接选择"工具，可按住<Ctrl>键利用鼠标单击路径。

（2）移动路径锚点或直线段。移动路径锚点或直线段的操作步骤如下：

利用直接选择工具，选择要调整的路径锚点或直线段。

将所选的路径锚点或直线段拖曳到新位置。

按住<Shift>键，可将路径锚点或直线段限制按45度角的倍数移动。

（3）移动路径锚点或曲线段。移动曲线段的操作步骤：

利用直接选择工具，选择需要移动的曲线段两端锚点。

按鼠标左键拖曳所选锚点或曲线段到新位置，即可移动曲线段，所选曲线段形态不发生改变。

（4）调整曲线段。调整曲线段形态的操作步骤：

利用直接选择工具，单击需要调整的曲线段，使其两端锚点出现方向线和方向点。

使用鼠标拖曳方向点，改变方向点的位置，即可改变曲线段的形态。改变锚点的位置也可改变曲线段的形态。

（5）删除线段。选择要删除的线段，按<Backspace>键或<Delete>键即可。重复按<Backspace>键或<Delete>键可删除其余的路径。

（6）调整路径。调整路径的几种方法：

按住鼠标左键拖曳锚点或其方向点，即可改变路径形态。

按住<Alt>键的同时拖曳平滑点一侧的方向点，可以只调整平滑点一侧的形态，释放鼠标左键后，再次拖曳该方向点，可以同时调整平滑点两侧的形态。

在使用其他工具时，按住<Ctrl>键的同时拖曳平滑点两侧的方向点可同时调整平滑点两侧的形态；当平滑点两侧的方向点经按住<Alt>键拖曳调整后，再次按住<Ctrl>键拖曳平滑点一侧的方向点，可以改变平滑点一侧的形态。

按住<Shift>键，将鼠标光标移动到平滑点两侧其中一个控制点上按住左键拖曳鼠标，可以将平滑点的控制点按45度角的倍数跳跃调整。

按住<Ctrl>键，在路径中的锚点或线段上按下鼠标并拖曳，可将"直接选择"工具转换为"路径选择"工具；释放鼠标左键与<Ctrl>键后，再次按<Ctrl>键，在路径中的锚点或线段上按下鼠标并拖曳，可将"路径选择"工具转换为"直接选择"工具。

五、路径的基本操作

路径可以看成是一个图层中的图像，能进行复制、粘贴、删除、旋转、自由变换、填充、描边等编辑操作。

1. 路径的创建

如果"路径"面板没有在工作区中显示，选取菜单栏中的"窗口"—"路径"命令，可以将其调出。

（1）创建路径。创建新路径的几种方法：

在"路径"面板中单击 ▣ 按钮，即可创建一个路径。

如果要创建新路径并为其命名，应确保当前没有选择工作路径，然后单击"路径"面板右侧 ▤ 按钮，在弹出的扩展菜单中选取"新建路径"命令，或按住<Alt>键并单击面板底部的 ▣ 按钮，弹出如图9-54所示的"新建路径"对话框，输入路径的名称，单击"确定"按钮，即可在"路径"面板中新建一个路径，如图9-55所示。

图9-54 "新建路径"对话框

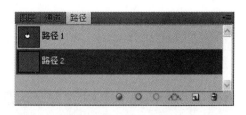

图9-55 "路径"面板

（2）路径的显示或隐藏。在"路径"面板中单击相应的路径名称，即可将该路径显示。单击"路径"面板中灰色区域或在路径没有被选择的情况下按<Esc>键，可将路径隐藏，如图9-56所示。

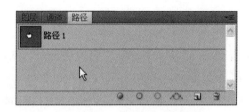

图9-56 隐藏路径

执行"视图"—"显示"—"目标路径"命令或按下<Ctrl+Shift+H>组合键，则也可将路径隐藏。若要重新显示路径，则需要再次执行"视图"—"显示"—"目标路径"命令或按下<Ctrl+Shift+H>组合键。

2. 路径的调整

在Photoshop中也可以对路径或路径中的线段、锚点应用某种变换，如缩放、旋转或扭曲。选择任何一个路径工具，执行"编辑"—"自由变换路径"或"变换路径"命令，即可进入自由变形状态。路径变形的方法和图像变形完全一样。按<Enter>键可结束变形，按<Esc>键取消变形。如果选择了路径的一部分，可以只对选中的部分变形。

此外，还可以根据需要，在"路径"面板中更改路径的堆叠顺序，即同"图层"面板一样，改变路径层的显示顺序。操作方法是：在"路径"面板中选择要调整堆叠顺序的路径层，然后在路径名称处按住鼠标左键上下拖曳，当拖曳到所需位置上出现黑色的实线时，释放鼠标左键，则改变了路径层的顺序，即改变了路径的堆叠顺序。

3. 路径的复制与删除

（1）复制路径。复制路径有如下5种方法：

如果要复制路径，但不需要对其重新命名，可将"路径"面板中的路径直接拖曳到面板底部的 ▣ 按钮，则在"路径"面板中原路径下端复制出一个路径，名称自动变为"原名+副本"形式，如图9-57所示。

如果要拷贝并重命名路径，按住<Alt>键，将"路径"面板中的路径拖曳到面板底部的 ▣ 按钮，则打开如图9-58所示对话框。

如果要在移动的同时拷贝路径，请在"路径"面板中选择路径，并用"路径选择"工具点按路径，然后按住<Alt>键并拖曳所选路径。

选择要拷贝的路径，然后从"路径"面板菜单中选取"复制路径"命令。在"复制路径"对话框中为路径输入新名称，并点按"确定"按钮即可。

如果要将路径拷贝到另一路径中，请选择要拷贝的路径并执行"编辑"—"复制"命令，然后选择目标路径，并执行"编辑"—"粘贴"命令。

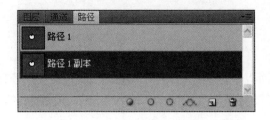 

图9-57　复制路径后的"路径"面板　　　　　图9-58　"复制路径"对话框

（2）删除路径。删除路径有如下2种方法：

在"路径"面板中选择要删除的路径，单击面板底部的 按钮，在弹出的对话框中单击"是"按钮，即可删除路径。

如果要删除路径后无需确认，可直接将要删除路径拖曳到面板底部的 按钮即可。

4. 路径的描边与填充

（1）描边路径。通过描边路径操作，可以使用当前工具沿当前路径的形状进行描边，如果使用的是绘制类工具则可以得到丰富的图像效果，如果使用的是擦除类工具则可以沿路径的轮廓执行擦除操作。

在默认情况下单击"路径"面板底部的"用画笔描边路径"按钮 ，即可用前景色为当前路径描边，如果要选择描边路径的工具，在按住<Alt>键的同时单击面板底部的 按钮，或单击"路径"面板右上角的扩展按钮，在弹出的菜单中执行"描边路径"命令，均会弹出如图9-59所示的"描边路径"对话框，可选择橡皮擦、图章、图像修饰等工具描边路径。

图9-59　"描边路径"对话框

（2）填充路径。通过填充路径操作，可以使用颜色和图案对当前路径内的区域进行填充，填充路径的操作等同于以下操作：先将路径换成为选区，再填充选区，填充完成后释放当前选择区域。可以看出，如果希望为路径内部填充颜色或图案，应该使用的功能是填充路径。

在默认情况下单击"路径"面板底部的"用前景色填充路径"按钮 ，即可为当前路径填充前景色，如果要控制填充路径的参数及样式，在按住<Alt>键的同时单击面板底部的 按钮，或单击"路径"面板右上角的扩展按钮，在弹出的菜单中执行"填充路径"命令，均会弹出如图9-60所示的"填充路径"对话框。

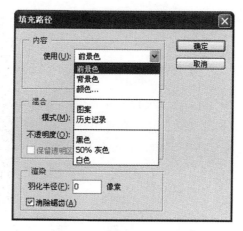

图9-60　"填充路径"对话框

该对话框中各项参数含义如下：

使用：在此下拉列表中选择填充的内容，其中包括"前景色""背景色""颜色""图案""历史记录""黑色""50%灰色"和"白色"8个选项，如果选择"颜色"选项则弹出"拾色器"对话框，在该对话框中可以自定义要填充的颜色；如果选择图案选项则自定图案选项被激活，在此下拉列表中可以选择要填充的图案。

模式：在此下拉列表中选择填充内容的混合模式。在"不透明"文本框中设置填充内容的不透明度。

羽化半径：在此文本框中输入一个大于0的值，可以使填充区域具有柔边效果。

消除锯齿：点选此复选框，可消除填充时的锯齿。

5. 路径的存储与输出

当使用"钢笔工具"或"形状工具"创建路径时，新建路径以"工作路径"的形式出现在"路径"面板中，"工作路径"是临时的，如果以后还需使用时可以先将其保存以免丢失，如果没有存储便取消了"工作路径"的选择，则当再次绘制路径时，新的路径将取代原有的工作路径。

存储工作路径的两种方法：

将鼠标光标放置在工作路径的名称上，按住左键向下拖曳鼠标到 ⬛ 按钮上，此时系统会以"路径1"或"路径2"等名称自动为其命名。

如果在存储工作路径时要为其指定名称，可以先将工作路径选择，然后单击 ⬛ 按钮，在弹出的面板菜单中选取"存储路径"命令，并在"存储路径"对话框中输入新的路径名，再单击"确定"按钮，即可存储路径。

路径可以保存在图像文件中，也可以将它单独保存为一个文件。方法：打开已建立路径的文件，然后执行"文件"—"导出"—"路径到Illustrator"命令，打开"导出路径"对话框，输入文件名称，再单击"确定"，即可保存。

6. 路径与选区的转换

绘制好路径后，可将路径转换成浮动的选择线，路径包含的区域就变成了可编辑的图像区域。路径与选区的转换可以更精确地处理选区。

（1）路径转换选区。将路径转换成选区，如果有子路径是开放的，在转换成选区时，会假定它的两个端点之间有一条直线线段，然后把封闭的区域转换成选区。路径转换为选区有以下几种方法：

在"路径"面板中选择一条路径，然后单击"路径"面板底部的"将路径作为选区载入"按钮  即可。

在"路径"面板中选择一条路径，然后在按住<Alt>键的同时单击面板底部的 按钮，或单击"路径"面板右侧的 按钮，在弹出的菜单中执行"建立选区"命令，都可弹出如图9-61所示的"建立选区"对话框。可对选区设置羽化、选区运算操作等，如果图像中已经存在选区，其余三个单选项将变得有效，点击"确定"，即可将路径转换为选区，效果如图9-62所示。

图9-61　"建立选区"对话框

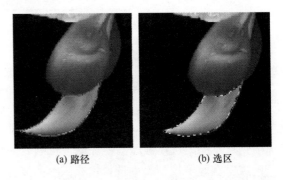

(a) 路径　　　　　　　　(b) 选区

图9-62　路径转换为选区的效果

（2）选区转换路径。将选区转换为路径，可根据相关参数设置来控制转换的路径的平滑度。路径转换为选区有以下几种方法：

创建或载入选区，单击"路径"面板底部"从选区生成工作路径"按钮 即可。

在按住<Alt>键的同时单击"路径"面板底部的"从选区生成工作路径" 按钮或者单击"路径"面板右侧的 按钮，在弹出的菜单中执行"建立工作路径"命令，都可弹出如图9-63所示的"建立工作路径"对话框。设置容差值，点击"确定"按钮，即可将选区转换为路径。

"容差"值决定了由选区所生成的路径中包括的节点数量，默认的容差值为2像素，其数值范围在0.5~10像素。如果输入一个较高的容差值，用于定位路径形状的节点则会比较少，得到的路径较平滑。如果输入一个较低的容差值，可用的定位点则较多，产生的路径也不平滑。

图9-63　"建立工作路径"对话框

项目小结

　　本项目主要运用形状工具和钢笔工具来绘制爱心图标，先用形状工具绘制爱心图标，运用钢笔工具绘制路径，并对路径进行调整以达到满意的效果，最后配合使用渐变工具设置对路径进行填充，制作出具有水晶质感的爱心图标。这也是设计各种图标和企业Logo必须掌握的知识。

课外项目

1. 企业"Fly-Birds"Logo设计。
2. 设计一个卡通娃娃的笑脸。

任务描述

　　在人像艺术摄影中，化妆师利用发饰和妆面修饰脸型，服装设计师利用服装和配饰美化脸型，摄影师利用光影来塑造完美脸型，后期设计师则是利用Photoshop中的液化工具来修饰脸型。我们为了达到某种艺术效果，需要利用Photoshop液化工具对人物面部进行修饰、利用曲线工具为人物面部增加暗影效果，以美化人物的脸型。另外，为了更好地体现主体艺术效果和作品的主题，我们通常会将主体人物从相片中抠出来，更换成另一副背景。

任务分析

　　要完成"美化人像摄影作品"的项目，重点完成下列任务：

　　（1）抠出人物。

　　（2）更换背景。

　　（3）美化人像面部表情。

知识要点

　　"滤镜"一词源于摄影中的滤光镜技术。在摄像过程中，摄影师为了制造一些特殊影像效果，通常会在摄像机镜头上安置滤光镜片，以获取丰富多彩、富于变化的艺术作品。在使用Photoshop过程中，将增加特殊镜片的思想延伸至计算机的图像处理技术，便产生了"滤镜"这一概念。

　　Photoshop滤镜基本可以分为三个部分：内阙滤镜、内置滤镜（也就是Photoshop自带的滤镜）、外挂滤镜（也就是第三方滤镜）。内阙滤镜指内阙于Photoshop程序内部的滤镜。内置滤镜指Photoshop缺省安装时，Photoshop安装程序自动安装到pluging目录下的滤镜。外挂滤镜就是除上面两种滤镜以外，由第三方厂商为Photoshop所生产的滤镜，它们不仅种类齐全，品种繁多而且功能强大，同时版本与种类也在不断升级与更新。

　　滤镜的操作是非常简单的，但是真正用起来却很难恰到好处。滤镜通常需要结合通道、图层等使用，才能取得最佳艺术效果。如果想在最适当的时候应用滤镜到最适当位置，除了平常的美术功底之外，还需要对滤镜的熟悉和操控能力，甚至需要具有很丰富的想象力。这样，才能有的放矢地应用滤镜，发挥出艺术才华。

任务一　抠出人物

　　抽出滤镜是Photoshop里的滤镜，其作用主要用来抠图。抽出滤镜的功能强大，使用灵活，是Photoshop的御用抠图工具，它简单易用，容易掌握，既可以抠繁杂背景中的散乱发丝，也可以抠透明物体和婚纱。这个任务利用"抽出"滤镜以及相关参数的设置，将人物从图像中分离出来。操作步骤如下：

　　（1）执行"文件"菜单——"打开"，打开"人物.jpg"相片，如图10-1所示。

　　（2）执行"滤镜"——"抽出"命令，在弹出的"抽出"对话框左侧单击"边缘高光器工具"按钮 ✍，弹出"工具选项"对话框；设置"工具选项"下的"画笔大小"值为20，沿人物图像的边缘拖曳鼠标光标，描绘出如图10-2所示的边缘效果。在描边的过程中，如有描错的区域，可以用"橡皮擦"工具 ✐ 擦除。

图10-1　打开人物素材原图

图10-2　描绘人物图像边缘

　　（3）选择"填充"工具 ⬚，填充描边区域，如图10-3所示。

　　（4）单击"预览"按钮，使用"清除"工具 ✐ 和"边缘修饰"工具 ✐ 修改图像，以达到预期效果，然后单击"确定"。最终效果如图10-4所示。

图10-3　填充描边区域　　　　　　　　　图10-4　最终效果

（5）执行"文件"—"存储"命令，保存为"抠出人物效果图.psd"。

任务二　美化人物表情

在"滤镜"菜单中，主要提供了"液化"这个特殊的滤镜命令，液化滤镜用于对图像的任意部分进行推、拉、反射、折叠和膨胀等处理，从而生成特效图像。我们利用液化工具对人物面部进行修饰。

液化处理是通过使用"液化"命令来实现的。打开"抠出人物效果图.psd"图像后，先选择要处理的人物图层或人物面部区域，然后执行"滤镜"——"液化"命令，将弹出如图10-5所示的"液化"对话框。

图10-5　"液化"对话框

（1）图像扭曲工具箱。"液化"对话框左侧提供了一个工具箱，可以使用其中的"图像扭曲"工具来对图像进行扭曲。主要的工具如下：

1）"向前变形"工具 。用于向前推送像素。

2）"顺时针旋转扭曲"工具 。用于顺时针旋转像素。

3）"褶皱"工具 。用于使像素靠近画笔区域的中心。

4）"膨胀"工具 。用于使像素远离画笔区域的中心。

5）"左推"工具 。用于移动与描边方向垂直的像素。

6）"镜像"工具 。用于将像素复制到画笔区域。

7）"湍流"工具 。用于平滑的拼凑像素。

（2）选择"向前变形"工具，设置画笔大小50，画笔密度54，画笔压力100，画笔速率80，如图10-6所示。

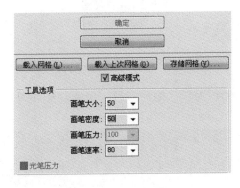

图10-6 "向前变形"工具

（3）将画笔移到人物的嘴角，按住鼠标左键，把嘴角稍稍向上提，使人物脸部笑容更浓。

（4）选择"膨胀"工具，其他参数不变，将画笔对准人物眼睛，然后单击，增大眼睛。效果如图10-7所示。

（5）单击"确定"按钮。

（6）执行"文件"菜单——"打开"，打开"风景.jpg"相片，如图10-8所示。

图10-7 效果图

图10-8 打开"风景"素材图片

（7）选定人物相片中的人物，复制到风景相片中，并按<Ctrl+T>进行自由变换，如图10-9所示。

图10-9　按<Ctrl+T>进行自由变换

（8）调整人物到适当的位置后，按回车键，最终效果如图10-10所示。

图10-10　最终效果

项目小结

　　通过对人物相片的处理，围绕"抽出""液化"滤镜进行操作，通过"抽出"滤镜将人物从原来的图形中抠出来，更换其背景。通过"液化"滤镜来美化人物面部表情，这也是人物处理较基本的操作技能。

课外项目

　　找一张自己的相片，利用"抽出"滤镜，将人物从相片中抠出来，更换人物背景。

任务描述

在广告艺术设计中，通常设计师利用一些图片、绘画技术创造出一副具有鲜明特色的作品。设计师借助Photoshop中的各种工具来绘制作品或处理现有图片，达到某种艺术效果。

任务分析

要完成该项目，重点完成下列任务：

（1）漫步的小蜗（消失点滤镜）。

（2）美丽的羽毛。

（3）让车飞起来。

（4）光的飞梭。

（5）木刻艺术。

知识要点

1. 使用消失点来修饰、添加或移去图像中的内容时，结果将更加逼真。

2. 使用风格化滤镜绘制美丽羽毛，模拟真实艺术手法进行创作。

3. 使用径向模糊，让原本静止的汽车奔跑起来，产生强烈的视觉效果。

4. 使用扭曲滤镜完成光影艺术创作。

5. 使用纹理滤镜将某一物品产生纹理材质的效果。

任务一 漫步的小蜗

（1）执行"文件"—"打开"命令，打开"消失点.jpg"图像，如图10-11所示。

（2）执行"滤镜"—"消失点"命令，弹出"消失点"对话框。选择"创建平面"工具 ，在图像上用鼠标选择4个定位点，创建平面，如图10-12所示。

（3）用鼠标拖动"控制点"，调整创建的平面到合适大小，如图10-13所示。

图10-11 "消失点"原图

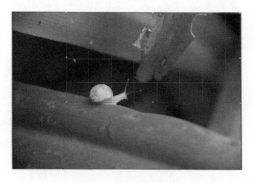

图10-12　创建平面

图10-13　调整平面大小

（4）使用选区工具选择适合的区域，将"羽化"值设置为"5"像素，按下<Ctrl+C>快捷键复制选区，按下<Ctrl+V>快捷键粘贴选区，如图10-14所示。

（5）用鼠标拖动粘贴的图像到合适位置，按下<Ctrl+T>快捷键将粘贴的图像尺寸改变到合适大小，使之完全覆盖住刷子，如图10-15所示。

图10-14　"复制""粘贴"选区

图10-15　调整粘贴图像的位置大小

（6）使用选区工具重新选择能够覆盖电线的区域，重复步骤（4）、（5）操作，将电线全部覆盖。最终效果如图10-16所示。

图10-16　效果图

任务二 美丽的羽毛

（1）新建一个宽600像素，高500像素的文件，填充背景为黑色，然后新建一个图层，用矩形画一个长方形并填充白色，然后取消选区，如图10-17所示。

（2）选中图层1，执行菜单"滤镜"—"风格化"—"风"命令，选中方法中的"风"和方向，然后确定，按<Ctrl+F>加强几次，得到图10-18效果。

图10-17 白色长方形　　　　　　　　图10-18 用"风"吹后的效果

（3）执行"滤镜"—"模糊"—"动感模糊"命令，设置角度为0，距离为50，确定后按<Ctrl+F>加强几次，效果如图10-19所示。

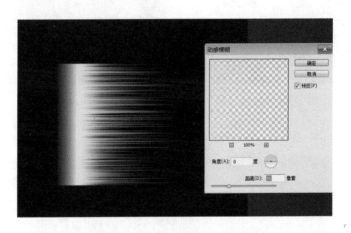

图10-19 用"风"吹多次后的效果

（4）按<Ctrl+T>变换，按鼠标右键，选择弹出菜单中的"变形"，反复调整将图形变成如图10-20所示形状，然后应用变形。

（5）用矩形选择工具选取一边，然后按Delete删除，取消选区，这时已经做好羽毛的一边，如图10-21所示。

图10-20　<Ctrl+T>变形

图10-21　羽毛的一边

（6）把图形复制一个，再进行水平翻转，然后移到一起，得到图10-22效果。

（7）新建一个图层，用画笔绘制一条竖线，然后移到羽毛的上方，然后把整个完整的羽毛层合并，如图10-23所示。

图10-22　复制另一边

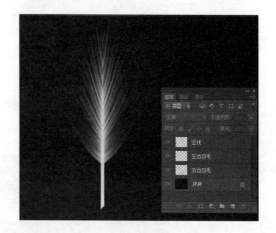

图10-23　绘制一条竖线

（8）执行"图像"—"调整"—"色相/饱和度"命令，勾选"着色"选项，将饱和度值调到100，明度调到-20，然后调整色相值，设置自己喜爱的色彩，如图10-24所示。

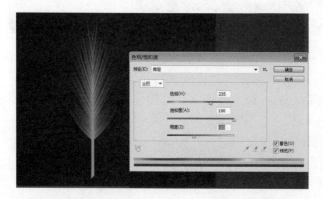

图10-24　"图像"—"调整"—"色相/饱和度"

（9）利用变形命令，将羽毛弯曲，然后复制几个，发挥自己的想象制作一幅美丽的羽毛画，图10-25为效果图。

图10-25　效果图

任务三　让车飞起来

利用动感模糊滤镜让车在公路上飞驰。

（1）启动Photoshop，并打开"汽车.jpg"图片，可以看到汽车的周围环境处于一种较为模糊的状态，但汽车本身却没有这种效果，所以表现不出来高速行驶的效果，如图10-26所示。我们利用动态模糊对汽车进行处理。

图10-26　打开"汽车"图片

（2）将"背景"图层复制到两个新的图层，得到"背景副本"和"背景副本2"图层，如图10-27所示。

图10-27　复制一个背景图层

（3）选中"背景副本2"图层，执行菜单栏中的"滤镜"—"模糊"—"动感模糊"命令，打开"动感模糊"滤镜对话框。调整动感模糊的角度，注意这个角度与汽车的运动方向相吻合，设置"距离"参数值为100个像素，如图10-28所示。

图10-28　"滤镜"—"模糊"—"动感模糊"

（4）选中"背景副本"图层，然后将"背景副本"图层移到最上面，单击图层面板下方的"添加图层蒙版"按钮，为"背景副本"图层添加上一个图层蒙版。在工具箱中设置前景色为白色，背景色为黑色，然后选择工具箱中的"渐变工具"，单击"线性渐变"按钮，在工作区中从左下侧到右上侧拉出一条渐变线，渐变线的方向与汽车运动的方向一致。经过几次试验，使汽车尾部出现的动感模糊效果达到最佳。接着再返回到图层蒙版操作方式，使用工具箱中的"画笔"工具，在出现的属性工具栏中降低"不透明度"，然后在前车身尤其是车头以及车头前公路上进行涂抹，使其变得清晰。效果图如图10-29所示。

图10-29　效果图

任务四　光的漩涡

（1）启动Photoshop，新建一个500像素×500像素的文件，填充为黑色，新建一个图层1，设置前景色为RGB（100，100，100），背景色为黑色。利用径向渐变填充图层1，如图10-30所示。

（2）新建一个图层2，并命名为"光点"，选择圆形选区工具，设置羽化值为20像素，按住shift键，并在中间画一个圆形选区。选择径向渐变工具，编辑渐变填充颜色为白色、紫色（255，0，255）、红色（255，0，0），如图10-31所示。单击确定按钮。

图10-30　径向渐变填充图层

图10-31　编辑渐变填充颜色

（3）在圆形选区内进行渐变填充，如图10-32所示，按<Ctrl+D>取消选区。

（4）将"光点"图层复制一个，得到"光点副本"图层，隐藏"光点"图层。按<Ctrl+T>变形，将光点压缩窄一点，如图10-33所示。

图10-32　渐变填充后的效果　　　　　　　　　图10-33　\<Ctrl+T\>变形

（5）执行"滤镜"—"扭曲"—"波浪"命令，设置如图10-34所示，这一步可重复多次。

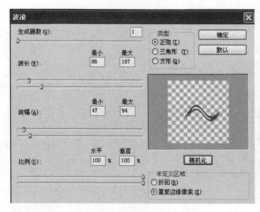

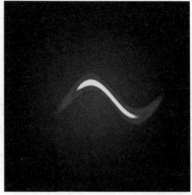

图10-34　"滤镜"—"扭曲"—"波浪"

（6）执行"滤镜"—"扭曲"—"旋转扭曲"命令，设置如图10-35所示，单击确定按钮。

（7）将隐藏的"光点"图层复制一个，重复（4）~（6）步，制作几个漩涡，最终效果如图10-36所示。

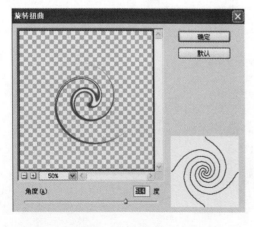

图10-35　"滤镜"—"扭曲"—"旋转扭曲"　　　　　图10-36　效果图

Photoshop图形图像处理技术项目化教程

任务五　木刻艺术

（1）启动Photoshop，打开"老鹰.jpg"图片，如图10-37所示。

图10-37　"老鹰"原图

（2）执行"镜"—"风格化"—"查找边缘"命令，结果如图10-38所示。执行菜单"图像"—"模式"—"灰度"命令，将图片变成灰度图像，效果如图10-39所示。

图10-38　"镜"—"风格化"—"查找边缘"　　　图10-39　"图像"—"模式"—"灰度"

（3）保存文件为"老鹰.psd"，然后关闭它。然后打开素材"木板.jpg"图片，执行"滤镜"—"纹理"—"纹理化"命令（或执行"滤镜"—"滤镜库"—"纹理"—"纹理化"），在右侧的列表中选择载入纹理，在打开文件的对话框中选中"老鹰.psd"。设置缩放为100%，光照为右上，凸现为10，如图10-40所示，完成效果如图10-41所示。

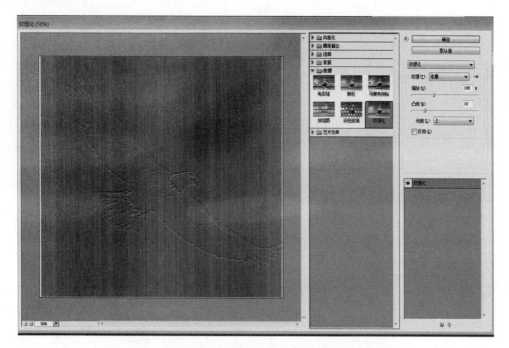

图10-40 "滤镜"—"滤镜库"—"纹理"—"纹理化"

图10-41 效果图

知识提示

1. 消失点滤镜

消失点允许在包含透视平面（例如，建筑物侧面或任何矩形对象）的图像中进行透视校正编辑。通过使用消失点，在图像中指定一个平面，然后利用绘画、仿制、拷贝或粘贴、变换等进行编辑，所有编辑都将针对指定平面的透视进行操作，而不是在单一平面上来修饰图像。当使用消失点来修饰、添加或移去图像中的内容时，结果将更加逼真，因为

Photoshop可正确确定这些编辑操作的方向，并且将它们缩放到透视平面。

2. 风格化滤镜

"风格化"滤镜是通过置换像素和通过查找并增加图像的对比度，在选区中生成绘画或印象派的效果。它是完全模拟真实艺术手法进行创作的。在使用"查找边缘"和"等高线"等突出显示边缘的滤镜后，可应用"反相"命令用彩色线条勾勒彩色图像的边缘或用白色线条勾勒灰度图像的边缘。常用的风格化滤镜有：

（1）风：风用于在图像中创建细小的水平线以及模拟刮风的效果，有风、大风、飓风等强度。

（2）浮雕效果：通过将选区的填充色转换为灰色，并用原填充色描画边缘，从而使选区显得凸起或凹下效果。

（3）扩散：根据选区中的像素，使选区聚焦分散，有一种溶解一样的扩散效果，呈现边缘扩散。

（4）拼贴：将图像分解为一系列拼贴块（像瓷砖方块），并使每个方块上都含有部分图像。

（5）凸出：凸出滤镜可以将图像转化为三维立方体或锥体，以此来改变图像或生成特殊的三维背景效果。

（6）照亮边缘：照亮边缘滤镜可以搜寻主要颜色变化区域并强化其过渡像素，产生类似添加类似霓虹灯的光亮。

（7）等高线：用于查找主要亮度区域的过渡，并对于每个颜色通道用细线勾画它们，得到与等高线图中的线相似的结果。

（8）曝光过度：将正片和负片图像进行混合，类似照片在拍摄过程中曝光时间过长，照片亮度过高。

（9）查找边缘：用于标识图像中有明显过渡的区域并强调边缘。与"等高线"滤镜一样，"查找边缘"在白色背景上用深色线条勾画图像的边缘，并对于在图像周围创建边框非常有用。

3. 模糊滤镜

模糊滤镜可以使图像中过于清晰或对比度过于强烈的区域，产生模糊效果。它通过平衡图像中已定义的线条和遮蔽区域的清晰边缘旁边的像素，使变化显得柔和。各个滤镜的功能如下，效果如图10-42所示。

表面模糊：可以在保留边缘的同时对图像进行模糊处理，可以方便地创建特殊效果并消除杂色或粒度。

动感模糊：可以产生动态模糊的效果，此滤镜的效果类似于以固定的曝光时间给一个移动的对象拍照。

方框模糊：基于相邻像素的平均颜色值来模糊图像。

高斯模糊：用于产生朦胧效果，可用于处理粗糙的图像。

进一步模糊：用于直接产生模糊效果，可连续使用多次。该滤镜没有提供设置选项。

径向模糊：用于模拟前后移动相机或旋转相机所产生的模糊效果。

镜头模糊：向图像中添加模糊以产生更窄的景深效果，以便使图像中的一些对象在焦点内，而使另一些区域变模糊。

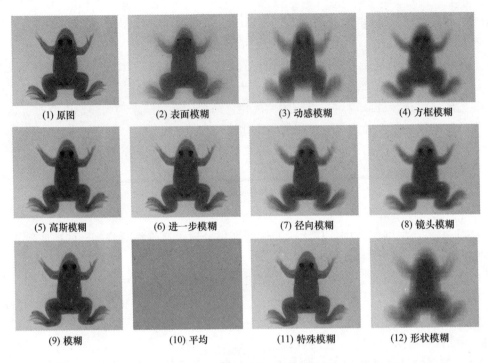

(1) 原图	(2) 表面模糊	(3) 动感模糊	(4) 方框模糊
(5) 高斯模糊	(6) 进一步模糊	(7) 径向模糊	(8) 镜头模糊
(9) 模糊	(10) 平均	(11) 特殊模糊	(12) 形状模糊

图10-42　"模糊"滤镜组效果

　　模糊：用于快速柔化图像，使图像产生轻微的模糊感。该滤镜产生的模糊效果通过减少各像素间色彩差别来实现。

　　平均：找出图像或选区的平均颜色，然后用该颜色填充图像或选区以创建平滑的外观

　　特殊模糊：特殊模糊滤镜可以产生一种清晰边界的模糊。该滤镜能够找到图像边缘并只模糊图像边界线以内的区域。

　　形状模糊：使用指定的内核来创建模糊，可以从自定形状预设列表中选取一种内核。

4. 扭曲滤镜

　　扭曲滤镜是利用几何学的原理对图像中所选择的区域进行变形、扭曲，以创造出三维效果或其他的整体变化。各个滤镜的功能如下，效果如图10-43所示。

　　波浪：用于在图画上形成波浪效果。

　　波纹：用于使图像中的像素移位，从而生出波纹状的效果。

　　极坐标：用于将图像从直角坐标转换为极坐标，或者将极坐标转换为直角坐标。

　　挤压：用于使图像产生一种挤压的效果，既可以向内挤压，也可以向外挤压。

　　切变：用于使图像产生偏移效果，可沿设定的曲线形状扭曲图像。

　　球面化：用于使图像形成向内或向外变形的球体效果。

　　水波：用于产生类似同心圆形状的波纹。

　　旋转扭曲：用于使图像产生旋转和扭曲，从而形成一种漩涡状的效果。如果以图像的中心顺时针方向或相反方向旋转图像，则图像会像风扇一样旋转。

　　置换：用于读取另一幅图像的数值并以此数值来转换当前图像的像素。置换后，图像的黑色和白色区域将明显变化。

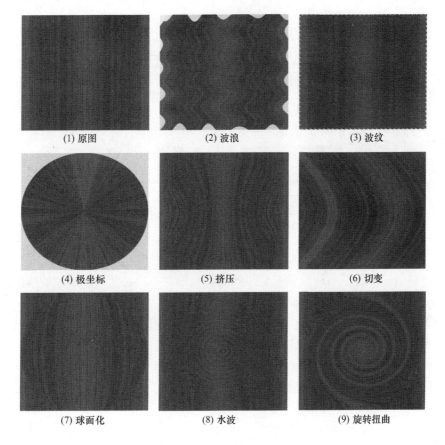

(1) 原图	(2) 波浪	(3) 波纹
(4) 极坐标	(5) 挤压	(6) 切变
(7) 球面化	(8) 水波	(9) 旋转扭曲

图10-43 "扭曲"滤镜组效果

5. 锐化滤镜

"锐化"滤镜组中提供了5种滤镜，应用锐化滤镜工具可以快速聚焦模糊边缘，提高图像中某一部位的清晰度或者焦距程度，使图像特定区域的色彩更加鲜明。各个滤镜的功能如下：

USM锐化：可以快速调整图像边缘细节的对比度，以达到改善图像边缘的清晰度。

进一步锐化：进一步锐化滤镜可以产生强烈的锐化效果，用于提高对比度和清晰度。

锐化：通过增加相邻像素点之间的对比，使图像更加清晰。

锐化边缘：用于查找颜色，改变边缘区域，只锐化图像的边缘，同时保留总体的平滑度。

智能锐化。通过不同的锐化算法来进行锐化，也可以控制阴影和高光区域中锐化值。

6. 纹理滤镜

纹理滤镜组中提供了6种滤镜。这些滤镜主要用于创建纹理材质的效果，主要参数设置如图10-44所示。各个滤镜的功能如下，效果如图10-45所示。

龟裂缝：应用该滤镜后，图像上会形成许多自然纹理，产生浮雕效果。

颗粒：用于产生颗粒效果，以便在图像上增加纹理。

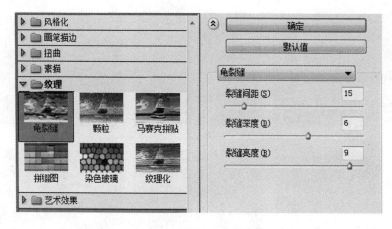

图10-44 "纹理"滤镜组

马赛克拼贴：由若干小块形状组成，然后随机地在小块之间增加深色的缝隙，图像呈现浮雕效果。

拼缀图：由若干小方块组成的效果，并将每个方块用该区域中最亮的颜色填充，形成一种瓷砖的效果。

染色玻璃：将图像重新绘制成彩色玻璃块的效果。

纹理化：自行选择应用某种纹理效果。

(1) 原图　　(2) 龟裂缝　　(3) 颗粒　　(4) 马赛克拼贴

(5) 拼缀图　　(6) 染色玻璃　　(7) 纹理化

图10-45 "纹理"滤镜组效果

7. 像素化滤镜

像素化滤镜组中提供了7种滤镜。滤镜将图像分成一定的区域，将这些区域转变为相应的色块，再由色块构成图像，类似于色彩构成的效果。各个滤镜的功能如下：

彩块化：使用纯色或相近颜色的像素结块来重新绘制图像，使图像具有手工绘制效果。

彩色半调：模拟在图像的每一个通道上使用扩大的半色调网屏的效果。在图像的每个通道上使用半调网屏的效果，将一个通道分解为若干个矩形，然后用圆形替换掉矩形，圆形的大小与矩形的亮度成正比。

点状化：随机分布的网点，模拟点状绘画的效果晶格化。

晶格化：将图像结块为单一颜色的多边形栅格。

马赛克：将像素结为方形块。

碎片：将图像创建四个相互偏移的副本，产生类似重影的效果。

铜板雕刻：使用点线条或画笔来重绘图像。

8. 渲染滤镜

渲染滤镜组中提供了5种滤镜。这些滤镜主要用于使图像产生照明、云彩等特殊纹理效果。各个滤镜的功能如下：

分层彩云：随机生成的介于前景色与背景色之间的值，生成云彩图案。

光照效果：在图像中制作各种光照效果。

镜头光晕：模拟亮光照射到像机镜头所产生的折射。

纤维：根据前景色和背景色之间的随机创建编织纤维的外观。

云彩：根据当前的前景色和背景色来随机生成柔和的云彩图案。

项目小结

通过对5个任务的训练，学习"消失点"滤镜对处理相片多余部分，能用"风"滤镜创作一幅羽毛作品，掌握"风"滤镜的应用技巧；通过制作"让车飞起来"的学习，能用"模糊"滤镜处理图像特效，掌握"模糊"滤镜使用技巧；通过"光的漩涡"的学习，能用"扭曲"滤镜制作特效，掌握"扭曲"滤镜使用技巧；通过"木刻艺术"的学习，能用"纹理"滤镜制作木刻艺术作品，掌握"纹理"滤镜使用技巧。

图10-46　火环

课外项目

1. 利用一张相片，把人物抠出来，制作一块人物的木刻效果。

2. 利用文字工具、风滤镜、极坐标、波纹滤镜等制作副文字火环，参考图如图10-46所示。

第11单元 滤镜的高级应用

项目 创意设计

任务描述

在广告艺术设计中，设计师会根据某一种需求设计出特有的广告，利用绘画技术，结合Photoshop工具创造出一幅具有艺术效果的作品。在创作作品的过程中，设计师的设计思维、创作思路是非常重要的，通过创意设计项目，让我们借助Photoshop中的各种工具来创作作品。

青青草原为宣传草原的美，需要我们设计一幅体现草原唯美的作品，因此，需要绘制一幅"蓝天下的蒲公英"。曲美时裳服装店为宣传曲美服饰，需要设计一个购物袋，一是用来给客户盛装服饰；二是可以通过购物袋宣传曲美服饰。

此外，某水果批发店为宣传，需要制作一个广告牌，我们负责为他们设计一个西瓜的作品，然后交给设计组作为素材使用。

任务分析

要完成该项目，重点完成下列任务：

蓝天下的蒲公英。首先我们要确定画面的构图。利用钢笔工具勾画出蒲公英花絮，然后定义画笔预设，绘制蒲公英，高斯模糊增加花影效果，镜头光晕为画面制作光照效果。用小草形状画笔绘制小草，最终达到草原上风吹蒲公英飞舞的唯美效果。

包装设计。主要是利用"水波""云彩"滤镜，文字工具和变换工具制作袋体，通过背景的黑白渐变填充和倒影的制作，展现包装特效。

鲜红的西瓜。通过扭曲、查找边缘、艺术效果、球面化、渲染滤镜和图层的综合应用，绘制出一个大西瓜和半个西瓜。

知识要点

1. 掌握钢笔工具、定义画笔、镜头光晕、模糊滤镜、图层的叠加命令的应用，创作蓝天下的蒲公英，让学习者初步掌握作品设计，构图方法等。

2. 使用"水波"、"云彩"滤镜，文字工具和变换工具制作袋体，掌握"水波"、"云彩"滤镜参数设置以及参数设置对效果的影响，如何利用变换工具制作倒影的方法等。

3. 进一步掌握图形绘制方法、扭曲滤镜参数设置和使用效果、图层模式的应用，重点在各个扭曲滤镜的应用技巧。

任务一　蓝天下的蒲公英

随风摇曳的蒲公英，印在蓝天下。我们主要运用了Photoshop的自定义画笔、模糊滤镜、叠加效果等。绘制的时候一定要有耐心，可能需要经过多次尝试才能得到满意的效果（图11-1）。

图11-1　效果图

（1）启动Photoshop，新建宽高分别为1024像素×600像素，背景内容设置为前景色（黑色）的新文档。

（2）选择钢笔工具，在属性栏中选中路径，画出如图11-2所示的路径（注意每画完一条后，可按住<Ctrl>键，用鼠标单击空白处，然后可以再画下一条，否则画出来的路径会全部连接在一起）。

图11-2　建立背景

（3）在图层面板中新建一个图层，并命名为"花絮"。

（4）选择画笔工具，设置画笔大小为3像素，硬度为100%。设置前景色为白色，然后选择钢笔工具，将鼠标指向刚才画的路径上，单击右键打开菜单，选择菜单中的"描边路径"，弹出描边路径对话框，设置工具为画笔，如图11-3所示。然后单击"确定"，效果图如图11-4所示。

图11-3 设置画笔

图11-4 绘制的效果

（5）将背景图层隐藏，选择"花絮"图层，执行"图像"—"调整"—"反相"命令，如图11-5所示。

（6）利用矩形选框工具选择花絮图形，然后执行"编辑"—"定义画笔预设"，弹出画笔名称对话框，自定义画笔如图11-6所示，单击确定按键。这时我们已经定义了一个新的画笔。

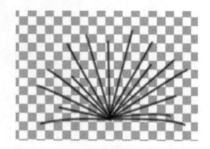

图11-5 隐藏背景图层后的效果

图11-6 定义新的画笔

（7）按照上面（2）~（6）步的操作再定义1个画笔和一个花絮，并分别命名为"花絮"和"飘舞的花絮"，如图11-7所示。打开"画笔预设选取器"可以看到定义的画笔，如图11-8所示。

Photoshop图形图像处理技术项目化教程

图11-7　画出另一花絮

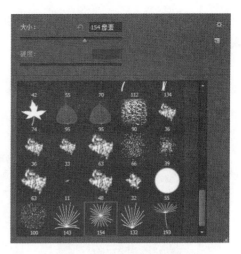

图11-8　"画笔预设选取器"

（8）隐藏所有花絮图层。选择背景图层，将前景色设置为白色，背景色设置为蓝色（RGB：0，0，93），选择"径向渐变填充"工具，然后填充背景图层，效果如图11-9所示。

（9）新建图层1，并选中图层1为当前图层。选择画笔工具，并打开"画笔预设选取器"，选择刚刚定义的画笔形状，然后根据不同需要调整直径与角度，如图11-10所示，在图层1上进行绘制。效果图如图11-11所示。

图11-9　"径向渐变填充"背景

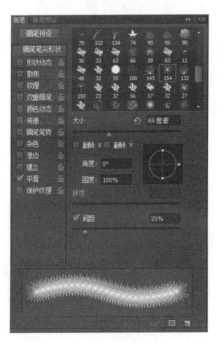

图11-10　"画笔预设选取器"

图11-11　效果图

（10）在控制面板中将图层1复制3个，得到3个相同的图层，如图11-12所示。隐藏图层1与背景图层，执行"图层"—"合并可见图层"命令，将这三层合并到图层1副本上。

（11）执行"滤镜"—"模糊"—"高斯模糊"命令，将大小值设置为10像素。单击确定。设置"图层1副本"层的不透明度为65%，然后将图层1拖到图层1副本上面，显示背景层，得到图11-13所示效果。

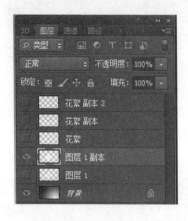

图11-12　复制图层

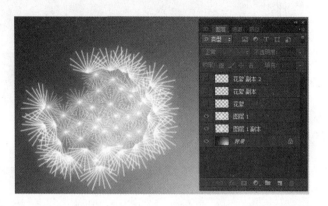

图11-13　效果图

（12）新建一个图层2，用画笔、变形等工具绘制蒲公英的花柄，效果如图11-14所示。然后将图层2移到图层1下方，移动花柄也花絮重合，得到效果图11-15所示。

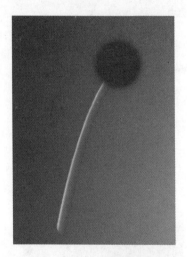

图11-14　绘制蒲公英的花柄

图11-15　效果图

（13）新建一个图层，并命名为"小草"，选择画笔工具，并打开"画笔预设选取器"，选取小草形状画笔，并设置相应大小，如图11-16所示。把前景色设为绿色，在"小草"图层下方绘制小草，效图如图11-17所示。

Photoshop图形图像处理技术项目化教程

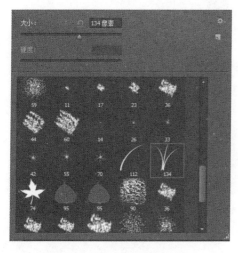

图11-16 "画笔预设选取器"

图11-17 效果图

（14）找到"飘舞的花絮"图层，将图层复制10~20个，然后利用自由变换工具调整角度和位置，效果图如图11-18所示。

图11-18 复制图层

（15）合并所有可见图层，执行"滤镜"—"渲染"—"镜头光晕"命令，调整镜头位置，其他为默认值，最终效果图如图11-19所示。

图11-19 最终效果图

任务二　包装设计

该任务主要讲述如何在Photoshop中制作一个3D包装袋效果图，包括包装袋面的设计、封面图案的设计和侧面材质的制作。效果如图11-20所示。

图11-20　效果图

（1）启动Photoshop，新建宽高分别为1024像素×768像素，背景为黑色的新文档。

（2）新建图层1，并改名为"袋面"。选择"矩形选框工具"，在图层中绘制一个长方形，设置前景色RBG为（250，133，175），背景色为白色。选择线性渐变填充工具，在长方形选择区内进行绘制，然后按<Ctrl+D>取消选框，如图11-21所示。

（3）新建一个图层，并改名为"水波"，执行"滤镜"—"渲染"—"云彩"命令，效果图如图11-22所示。

图11-21　绘制线性渐变背景

图11-22　"滤镜"—"渲染"—"云彩"

（4）执行"滤镜"—"扭曲"—"水波"命令，设置数量为100，起伏为8，样式为水池波纹，如图11-23所示。单击确定按钮，得到效果图如图11-24所示。

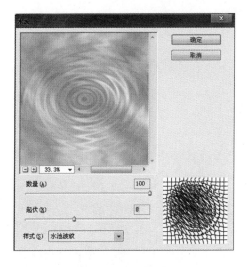

图11-23　"滤镜"—"扭曲"—"水波"

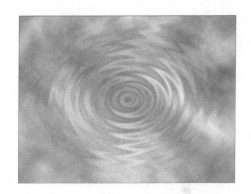

图11-24　"水波"图

（5）选择"椭圆选框工具"，设置其羽化为100像素，在"水波"图层中绘制一个椭圆，选定水波图形，然后反向选择，按键盘上的<Delete>键，删除周围多余部分。效果如图11-25所示，然后按<Ctrl+D>取消选框。

（6）按<Ctrl+T>对水波图形进行大小和形状调节，并移到合适位置，按回车键确认变化，复制"水波"图层，得到"水波副本"图层，设置图层的不透明度为50%。移动到合适的位置上。选择"水波""水波副本"和"袋面"图层，执行菜单"图层"—"合并图层"命令，合并成一个图层并命名为"袋正面"。效果如图11-26所示。

图11-25　改进后的"水波"图

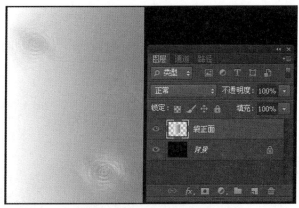

图11-26　合并图层后的效果图

（7）新建一个图层，设置前景色RBG为（250，133，175）。选择画笔工具，选取画笔样式为枫叶形状，设置大小为100像素，如图11-27所示，然后在图层中绘制枫叶，反复绘制，直到满意，设置图层的不透明度为70%。效果图如图11-28所示。

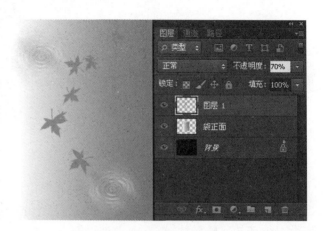

图11-27　画笔样式选框　　　　　　　　　　图11-28　绘制枫叶的效果

（8）选择"横排文字工具"，设置字体为幼圆，大小48点，颜色RBG为（20，60，100）。单击图层窗口，输入"曲美时裳"字样，用同样的方法，新建一个文字图层，输入"QU MEI SHI SHANG"字样，字体大小为24点。效果如图11-29所示。

图11-29　"曲美时裳"效果图

Photoshop图形图像处理技术项目化教程

（9）选择"竖排文字工具"，设置字体为幼圆，大小48点，颜色为白色，输入"用心勾画你的曲线"字样，并移到合适的位置，如图11-30所示。

图11-30　输入"用心勾画你的曲线"字样

（10）将除背景层以外的所有图层合并，并命名为"袋正面"。

（11）新建一个"图层1"，设置前景色RBG为（222，60，120），在新建的"图层1"中用"矩形选框工具"绘制一个长方形，前填充为前景色，如图11-31所示。

图11-31　用"矩形选框工具"绘制一个长方形

（12）按<Ctrl+D>取消选择。新建一个图层，选取画笔样式为枫叶形状，设置大小为100像素，绘制4片枫叶（反复绘制，直到产生一片满意的枫叶，然后复制出3片），设置图层的不透明度为50%，然后与图层1合并，并将图层改名为"袋侧边"，效果图如图11-32所示。

图11-32　枫叶形状图层效果

（13）复制"袋侧边"图层，得到"袋侧边副本"，执行菜单"编辑"—"变换"—"透视"命令对"袋侧边"图形右侧进行变形，并移动图形到袋正面的右侧。效果如图11-33所示。

（14）选择"袋正面"图层，复制图层，得到"袋正面副本"，执行菜单"编辑"—"变换"—"透视"命令对图形左进行变形，如图11-34所示。

图11-33　"袋侧边"图形右侧变形　　　　图11-34　"袋正面副本"左侧进行变形

（15）选择背景图层，将前景色设为黑色，背景色设为白色。选择"矩形选框工具"，选定背景图层的下半部，利用"线性渐变填充"工具填充，然后反向选择，选择背景图层的上半部，利用"线性渐变填充"工具填充。效果图如图11-35所示。

（16）选择"袋正面"图层，将图形进行垂直翻转，然后移动图形到"袋正面副本"图层下方，执行菜单"编辑"—"变换"—"斜切"命令对图形左进行变形。选择"袋侧面"图层，将图形进行垂直翻转，然后移动图形到"袋侧面副本"图层下方，执行菜单"编辑"—"变换"—"斜切"命令对图形右进行变形。效果如图11-36所示。

图11-35　用"线性渐变填充"背景　　　图11-36　　"编辑"—"变换"—"斜切"效果

（17）分别将"袋正面"图层和"袋侧边""袋正面副本"图层和"袋侧边副本"图层合并，并将合并后的图层改名为"袋体"和"影子"。设置"影子"图层的不透明度为50%，如图11-37所示。

（18）新建一个图层1，选择钢笔工具，绘制一个手提袋的形状，如图11-38所示。

图11-37　设置"影子"图层　　　　　　图11-38　绘制手提袋的形状

（19）将钢笔绘制的路径转化为选区，然后设置前景色RBG为（222，60，120），背景色RBG为（252，193，215），选择"线性渐变填充工具"从左到右进行填充，如图11-39所示。

（20）利用"矩形选框工具"选取带子，执行菜单"滤镜"—"扭曲"—"旋转扭曲"命令，设置角度为70，单击确定，如图11-40所示。按<Ctrl+D>取消选择。

 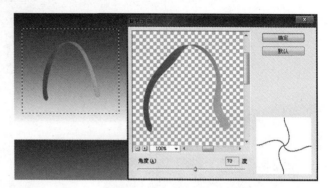

图11-39 填充手提袋的颜色　　　　　图11-40 "滤镜"—"扭曲"—"旋转扭曲"

（21）复制"图层1"得到"图层1副本"，将两个图层中的图形移到合适的位，并利用自由变换工具（Ctrl+T），调整大小和形状，将"图层1"移到"袋体"图层下方，并将其亮度调到-115。最终效果图如图11-41所示。

图11-41 调整后的手提袋效果

Photoshop图形图像处理技术项目化教程

（22）将"图层1副本"、"袋体"、"图层1"合并，将合后的图层改名为"袋子"，执行菜单"图层"—"图层样式"—"投影"命令，参数如图11-42所示。单击确定。

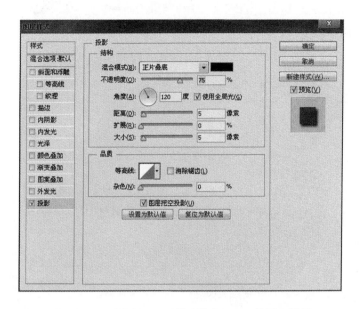

图11-42　　"图层"—"图层样式"—"投影"设置

（23）最终效果如图11-43所示。

图11-43　　最终效果图

任务三　鲜红的西瓜

本任务通过几个滤镜和图层的综合应用，绘制出一个大西瓜和半个西瓜。效果如图11-44所示。

图11-44　效果图

（1）启动Photoshop，新建宽高分别为1024像素×768像素，背景内容为白色的RBG模式新文档。

（2）新建图层1，并命名"瓜皮波纹"，选择"椭圆选框工具"，在图层中绘制一个椭圆形，设置前景色RGB为（9，91，30），按<Alt+Delete>键填充前景色，如图11-45所示。

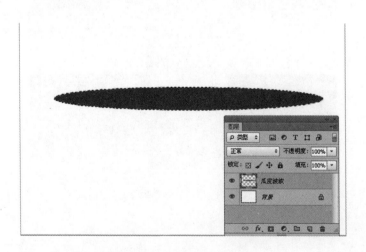

图11-45　新建图层填充前景色

（3）选择"矩形选框工具"，选择比绿色椭圆形状稍大一点的区域，如图11-46所示。

（4）执行菜单"滤镜"—"扭曲"—"波浪"命令，参考如图11-47所示。

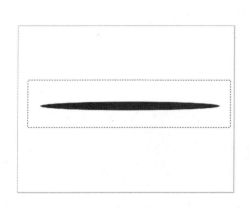

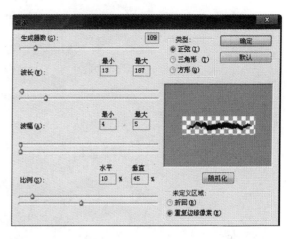

图11-46　"矩形选框工具"选择的区域　　　图11-47　"滤镜"—"扭曲"—"波浪"参数设置

（5）执行菜单"滤镜"—"扭曲"—"波纹"命令，设置数量为800%，如图11-48所示，然后单击确定按钮，效果图如图11-49所示。

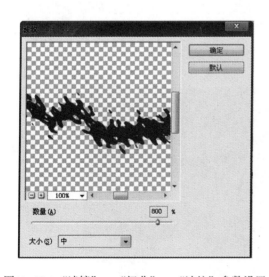

图11-48　"滤镜"—"扭曲"—"波纹"参数设置　　　图11-49　"波纹"后的效果

（6）按<Ctrl+D>取消选区，复制"瓜皮波纹"图层中的图形，得到多个图层，按顺序排列完成后合并，如图11-50所示。

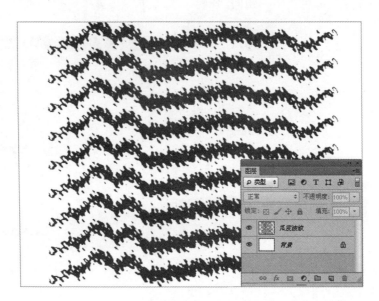

图11-50　复制"瓜皮波纹"图层

（7）新建一个图层，并命名为"瓜皮"。设置前景色为刚才设置的深绿色RGB（9，91，30），背景色为白色。执行行菜单"滤镜"—"渲染"—"云彩"命令，把"瓜皮"图层移到"瓜皮波纹"图层下方，得到如图11-51所示的效果。

图11-51　"滤镜"—"渲染"—"云彩"后的效果

（8）选择"瓜皮"图层，执行"滤镜"—"风格化"—"查找边缘"命令，效果如图11-52所示。

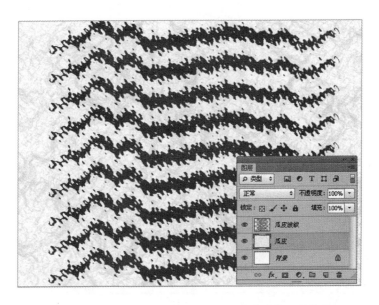

图11-52 "滤镜"—"风格化"—"查找边缘"的效果

（9）执行"图像"—"调整"—"亮度/对比度"命令，设置亮度为-53，对比度为23，如图11-53所示。

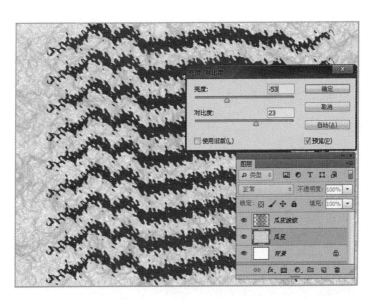

图11-53 调整"亮度/对比度"

（10）在背景图层上方新建图层1，并填充RGB为（82，133，8）的绿色，如图11-54所示。

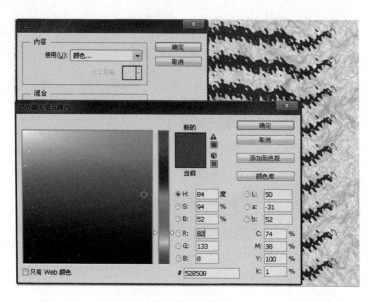

图11-54　设置绿色背景

（11）选择"瓜皮"图层，设置图层混合模式为"正片叠底"，这时瓜皮与图层1的绿色就叠加在一起了，如图11-55所示。

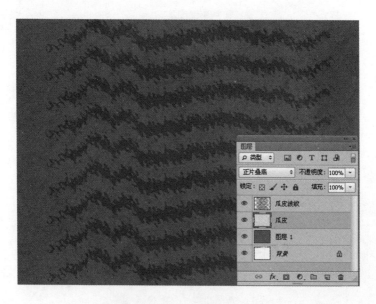

图11-55　绿色叠加

（12）下面我们就是要把球面形状做出来。为了使瓜皮的纹理更逼真，我们先对瓜皮波纹进行处理，执行菜单"滤镜"—"滤镜库"—"艺术效果"—"海绵"命令，设置画笔大小3，清晰度6，平滑度5，如图11-56所示。

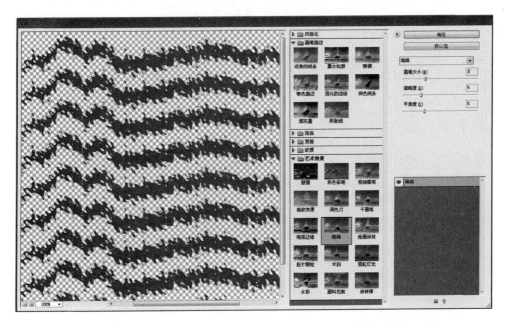

图11-56　　"滤镜"—"滤镜库"—"艺术效果"—"海绵"参数设置

（13）合并除背景以外的所有图层，并将合并后的图层命名为"西瓜"，然后执行菜单"滤镜"—"扭曲"—"球面化"命令，设置数量为100%，如图11-57所示。

（14）选取"圆形选框工具"，选择椭圆形西瓜的形状后，反选，按<Delete>键删除多余的部分，如图11-58所示，按<Ctrl+D>取消选择。

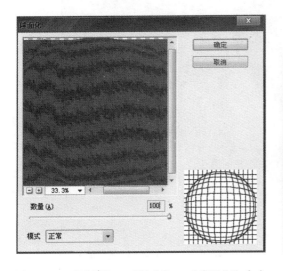

图11-57　　"滤镜"—"扭曲"—"球面化"命令

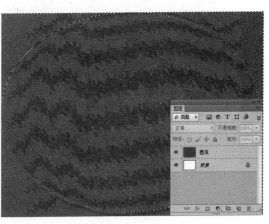

图11-58　　选择要删除的多余部分区域

（15）新建图层1，设置前景色为白色，选择线性渐变工具，在图层1填充"前景色到透明渐变"，形成光照效果，如图11-59所示。

图11-59　光照效果

（16）设置图层混合模式为叠加。用同样的方法将西瓜右下角填充黑色，把暗的部分也绘制出来。效果如图11-60所示。

图11-60　绘制西瓜右下角的黑色

Photoshop图形图像处理技术项目化教程

（17）新建一个图层，选择"椭圆形选框工具"，设置羽化值为40，在西瓜的左上部画出一个椭圆选区，并用"图层"—"变化选区"，调整角度，填充白色，调整图层的不透明度为69%，形成光照在西瓜上的反光效果，如图11-61所示。

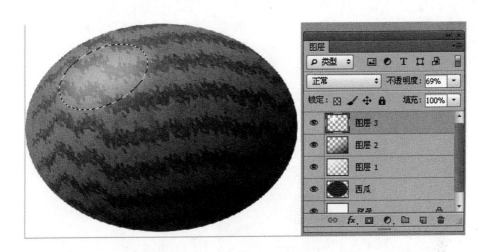

图11-61　光照在西瓜上的反光效果

（18）用同样的方法在西瓜的右下部画出椭圆选区，并用变化选区调整角度，填充白色，调整图层的不透明度为50%，形成地面上反光效果，如图11-62所示。

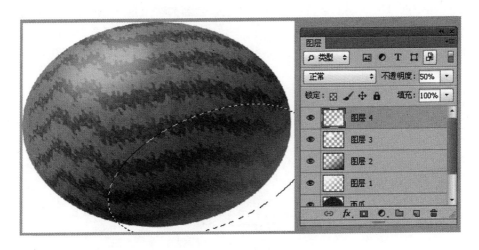

图11-62　跟地面形成反光效果

（19）选择"西瓜"图层，利用魔棒工具选取所有空白区域，然后分别选择其他图层，并按<Delete>键，清除多余的部分。将除背景层以外的图层合并，图层取名"西瓜"，按<Ctrl+T>将西瓜缩放到合适的大小。

（20）新建一个图层，命名为"瓜影"，选择"椭圆形选框工具"设置羽化值为5，在西瓜的左上部画出一个椭圆选区，并用"图层"—"变化选区"，调整角度，填充黑色，形成西瓜在地上的影子，并将图层的不透明度调到85%，如图11-63所示。

图11-63 西瓜在地上的影子

（21）在"西瓜"图层的下方新建一个图层，命名为"瓜柄"，用钢笔工具绘制出一个瓜柄形状，如图11-64所示。

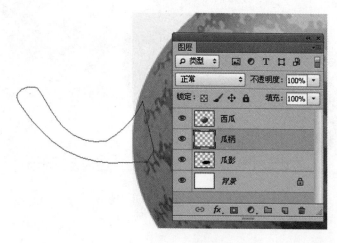

图11-64 绘制一个瓜柄形状

（22）将路径转换为选区，并填充绿色，利用"加深"和"减淡"工具进行修饰，这时我们的西瓜就做好了，最终效果如图11-65所示。

图11-65　西瓜的最终效果图

（23）下面我们来做半个西瓜。将"西瓜"图层复制一个，得到"西瓜副本"图层。并对图层进行执行"编辑"—"变换"—旋转90度（顺时针）和"水平翻转"命令，隐藏其他图层，方便编辑，得到图11-66所示。

图11-66　"编辑"—"变换"—"旋转90度（顺时针）和水平翻转"

（24）选择"椭圆选框工具"，在西瓜的中部，绘制一个椭圆形选区，用来制作西瓜的横切面，并填充白色，如图11-67所示。

图11-67　绘制一个白色椭圆选区

图11-68 "魔棒工具"选取西瓜的上部

（25）用"矩形选框工具"结合"魔棒工具"选取西瓜的上部，如图11-68所示。

（26）按<Delete>键删除选取部分，按<Ctrl+D>取消选区。选择"魔棒工具"，单击刚才填充的白色椭圆形，执行菜单"编辑"—"描边"命令，设置描边宽度为4像素，位置为内部，其他默认，如图11-69所示。

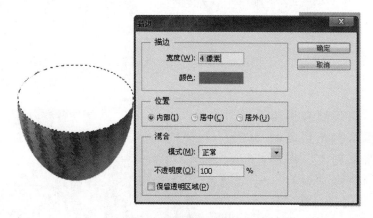

图11-69 执行"编辑"—"描边"后的效果

（27）新建一个图层1，执行菜单"选择"—"修改"—"收缩"命令，输入收缩量为15像素。单击确定，如图11-70所示。

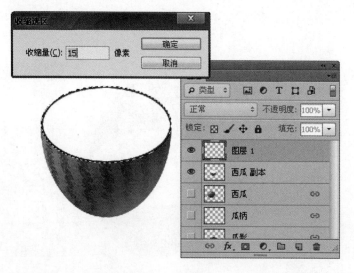

图11-70 执行"选择"—"修改"—"收缩"的效果

（28）设置前景色为红色，背景色为浅红色，执行菜单"滤镜"—"渲染"—"云彩"命令，效果如图11-71所示。

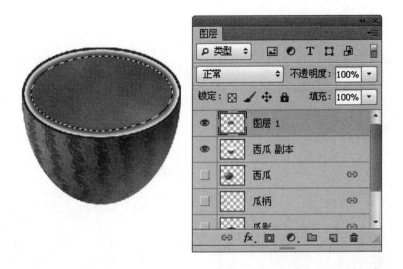

图11-71　"滤镜"—"渲染"—"云彩"

（29）利用制作瓜皮的方法制作出瓜瓤，设置图层1混合模式为颜色加深，并调整不透明度，如图11-72所示。

图11-72　设置图层1：混合模式为颜色加深

（30）新建一个图层，命名为"西瓜籽"，用钢笔工具绘制一个西瓜籽形状，如图11-73所示。

（31）将路径转化为选区，用画笔工具在选区内绘制出一个西瓜籽，如图11-74所示。

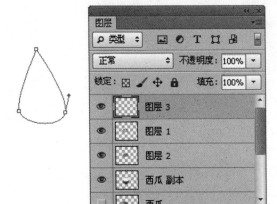

图11-73　绘制一个西瓜籽形状　　　　　　　图11-74　制出一个西瓜籽

（32）按<Ctrl+D>取消选择，按<Ctrl+T>缩放大小，交移动位置到西瓜瓤上面。设置图层样式为"枕状浮雕"，大小为7像素，软化为3像素，其他参数不变，如图11-75所示。

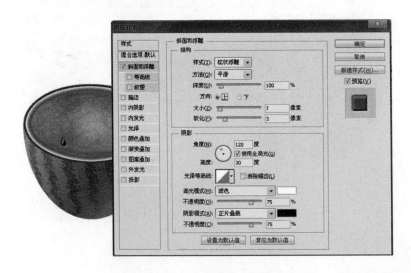

图11-75　"枕状浮雕"后的西瓜籽

Photoshop图形图像处理技术项目化教程

（33）复制"西瓜籽"，利用自由变换工具，进行调整，得到如图11-76效果。

图11-76 复制"西瓜籽"并作调整

（34）将"瓜影"图层复制一个，得到"瓜影 副本"图层，移动并进行自由变换，做成半边西瓜的阴影。然后显示所有隐藏的图层，最终效果图如图11-77所示。

图11-77 最终效果图

项目小结

本项目通过几个任务，让我们从构图、Photoshop工具应用、滤镜与图层的结合，综合提升设计与操作技能。在任务中用钢笔工具勾画出蒲公英花絮，通过定义画笔预设、高斯模糊等绘制蒲公英，利用镜头光晕为画面制作光照特效。在包装设计中，让我们明白，如何在Photoshop中实现3D效果，学会用"水波""云彩"滤镜，文字工具和变换工具制作袋体，通过背景的黑白渐变填充和倒影的制作，展现3D特效。在鲜红的西瓜任务中，通过扭曲、查找边缘、艺术效果、球面化、渲染滤镜和图层的综合应用，绘制出一个大西瓜和半个西瓜，提高滤镜、图层、绘图和对图形编辑的能力。

课外项目

1. 设计一个包装盒。
2. 制作一个3D效果的文字。
3. 制作一幅平面广告。

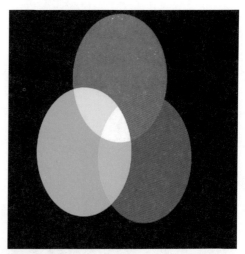

图1-23　效果图

图2-1A　效果图

图3-29　效果图

图4-6　效果图

图4-12　效果图

图4-24　效果图

图5-1　效果图

图6-7　效果图

图6-16　效果图

图7-14 效果图

图8-22 效果图

图9-1　效果图

图10-10　效果图

图10-18　效果图

图10-27　效果图

图10-31 效果图

图10-38 效果图

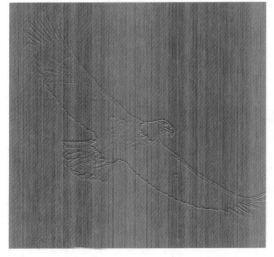

图10-43 效果图

图11-1 效果图

图11-20 效果图

图11-44 效果图